U0248927

实验动物伴我行

主　编　卓振建
副主编　林惠然　曾如凤
编　委　廖文峰　郑楚雅　冯露平

南京大学出版社

图书在版编目（CIP）数据

实验动物伴我行 / 卓振建主编. -- 南京 ：南京大
学出版社，2025. 1. -- ISBN 978-7-305-28492-2

Ⅰ. Q95-33

中国国家版本馆 CIP 数据核字第 2024RV9348 号

出版发行　南京大学出版社
社　　址　南京市汉口路 22 号　　邮　　编　210093

书　　名　**实验动物伴我行**
　　　　　SHIYAN DONGWU BANWOXING
主　　编　卓振建
责任编辑　巩奚若　　　　　　　编辑热线　025－83595840

照　　排　南京布克文化发展有限公司
印　　刷　苏州工业园区美柯乐制版印务有限责任公司
开　　本　720 mm×1000 mm　1/16　印张　9.5　字数　161 千
版　　次　2025 年 1 月第 1 版　2025 年 1 月第 1 次印刷
ISBN 978-7-305-28492-2
定　　价　68.00 元

网　　址　http：//www.njupco.com
官方微博　http：//weibo.com/njupco
官方微信　njupress
销售咨询热线　025－83594756

序

　　在诺贝尔生理学或医学奖中，约 80％的研究有赖于实验动物。尽管实验动物成就了许多科研工作者，甚至拯救了人类的生命，但公众对于它们的了解却依然有限。为了弥补这一信息鸿沟，青年学者卓振建博士及其带领的团队编写了《实验动物伴我行》一书，希望通过科普的方式为读者揭开实验动物行业的神秘面纱，让公众更加深入地理解这个对医学和现代科学至关重要的领域。

　　回溯历史，实验动物创新发展史可以说是一部人类科技进步史。通过本书的介绍，读者不仅能了解到实验动物的饲养、繁殖、科学管理等基础知识，还能了解到实验动物的最新科研进展及成果。无论是科研人员、学生，还是对科学有兴趣的读者，我们相信，这本书能够为之提供宝贵的知识，打开新的视角。

　　实验动物行业涌现出一批批杰出的工作者，他们在改革中勇于担当，在创新中善于作为，具有耐心、细心以及对生命的尊重等核心品质，希望读者可以从他们的故事里得到启发。未来，还需我们以更大的热情和干劲去拼搏。

　　《实验动物伴我行》能够与大家见面，归功于作者们的不懈付出和出版社的大力支持。在这里诚邀各位读者赋予爱护和支持，让他们有更多的动力继续产出！

广东省生物技术研究院院长
广东省实验动物监测中心主任
广东省十大科学传播达人

2024 年 11 月 25 日

前言

在科学探索的伟大旅程中，实验动物扮演着不可或缺的角色。通过实验动物的辅助，我们能够更深入地理解生命的奥秘，并为增进人类与动物的健康福祉贡献力量。这些小生命见证了我们如何从一名被好奇心驱动的学生，最终步入职业的殿堂，成长为责任和知识兼备的科研工作者。我们的心中，既有对实验动物深沉的敬意，也有因解读生命奥秘而感受到的喜悦。

然而，当我们向家人、朋友、孩子们讲述这些小伙伴的故事时，他们常带着好奇和不解的目光，试图去理解这些动物在科学研究中扮演的角色。因此，我们想要用文字的温度，讲述属于我们的故事——这是关于实验动物学科和行业的故事，是关于它们和我们共同走过的路程，以及对美好未来的畅想的故事。

实验动物既是生命科学研究的基石，也是药物安全性的监督者，它们就像是高楼大厦的地基，支撑起医学研究的框架。每一次医疗的革新，每一种疫苗的诞生，背后都有实验动物的默默支持。它们在科学的剧本中，担当着英雄的角色，以自己的行动助力人类战胜疾病。

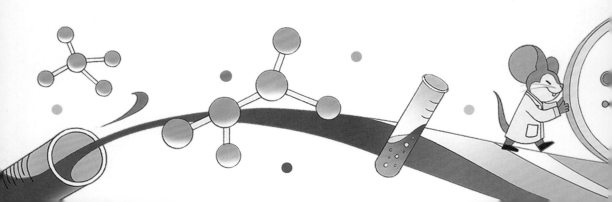

然而，相较于其他行业，实验动物行业往往显得低调而神秘。这本书，就像一扇门，旨在让更多的人了解实验动物、实验动物行业，提高大家对这些小伙伴们的认识和关心，助力未来的实验动物研究！

翻开这本书，大家将了解到实验动物这个行业从无到有的历史，跟随实验动物行业发展的脚步进一步探索实验动物的重要性。若是你恰好有一个从事实验动物行业的梦想，那么趁这个机会，还可以看看这个专业在大学阶段学习的内容。除此之外，在介绍这个行业发展状况的同时，本书也将带领大家开启一场实验动物中心之旅，看看实验动物行业从业者的日常工作。

现在，就让我们一起启程，走进实验动物的精彩世界吧！

目 录

第一章

实验动物发展足迹

问渠那得清如许，为有源头活水来。

从什么地方讲起呢？让我们一起穿越时空，回到实验动物出现的时刻吧。

第一节
实验动物的出现

　　据历史记载，早在商周时期人们就已经开始使用动物进行实验。尽管这一时代距今已逾3000年，具体的细节已难以考证，但从残存的史料中，我们仍能窥见那时动物实验的踪迹。

　　第一次有记载的动物药理实验是在唐代。在《本草拾遗》这本书中，本草学家陈藏器记录了世界上最早的动物药理实验。那么这个实验是怎么做的呢？我们来看看书中的文字描述。

　　"赤铜屑主折疡，能焊入骨，凡六畜有损者，细研酒服，直入骨伤处，六畜死后取骨视之，犹有焊痕，可验。"

——《本草拾遗》

科普小提示

六畜

　　六畜，指马、牛、羊、鸡、狗和猪，是远古时期人类开始驯化的代表性动物。这些动物在古代社会中发挥了重要作用，马是迅捷有力的动物，可以帮助人们进行农耕和交通运输；牛是力大无穷的"劳动力"，可以耕种土地、拉车运输等；羊提供了丰富的羊毛和肉食；鸡提供了美味的蛋和肉食；狗是人类最早驯化的动物之一，它们不仅可以守护家园，还能帮助人们狩猎和看护其他家畜；猪可以利用厨余和杂草饲养，为人们提供肉食。随着时间发展，它们被人类驯化为家畜，成为人们生活不可或缺的一部分。

陈藏器的实验使用赤铜屑治疗家畜的骨折伤害，赤铜中存在着铜元素，对骨伤治疗有效。据观察，家畜服用后，在其死后的骨骼中仍能见到愈合的痕迹，即"焊痕"。尽管当时的科学水平还不能解释赤铜对骨伤愈合的具体作用机理，但实践结果表明，赤铜在骨折治疗上确实发挥了一定的作用。这一发现虽然源于古代，却为我们提供了关于早期医学实践和药物应用的珍贵见解。

除此之外，宋代的寇宗奭（shì）先生也进行了类似的实验。

"有人以自然铜饲折翅胡雁，后遂飞去。今人打扑损。"

——《本草衍义》

自然铜

骨折愈合过程模式图

血肿形成　纤维性骨痂形成　骨性骨痂形成　骨痂改造

这是对寇宗奭在动物身上进行药理实验的描述。实验中使用折翅的胡雁，就是现代药理实验用的"动物模型"。

实验的核心在于喂食含有铜元素的自然铜给这些受伤的胡雁。令人惊讶的是，胡雁翅膀的骨伤随后愈合，能够再次飞翔。若将这一结果应用于人类，我们是否可以推测铜元素能够促进骨折患者的伤势恢复呢？

现代科学研究证实，铜是形成骨质的成骨细胞所必需的元素，在骨折愈合的过程中，骨痂的形成也依赖铜元素。因此，寇宗奭的这项实验被视为药理学研究的里程碑之一，这一结果不仅对现代医学的发展产生了积极影响，还为后续的研究提供了重要的参考，成为连接古代医学智慧与现代科学研究的桥梁。

在明朝，李时珍创作了《本草纲目》，这部著作是中医药研究的经典之作，其中运用了动物实验来研究中药药性和医疗方案。这种实践方法使得中医药的知识得以传承，为医药人员提供了宝贵的参考，也被广泛传播至今。

在 17 世纪，哈维医生通过解剖数百只动物，观察到心脏的运作方式。他注意到心脏以每分钟大约 72 次的频率收缩，推动血液进入动脉。通过计算，他发现如果心脏每次跳动都制造新血液，那么每小时将不可思议地产生大量血液！

显然，血液这样大量生产是不可能的，因此哈维得出结论，心脏其实是在循环利用血液。他的研究成果阐明了心脏就像一个泵，通过不断地收缩和舒张将血液推送到全身各处，然后再回流到心脏，形成

了连续不断的血液循环。这一发现极大地丰富了人们对于生命机制的认识，也为心血管疾病的研究奠定了基础。

17 世纪，正值中国的明清交际时期，文献记载表明，一些东渡的中国僧人和来访的日本人从中国将花式小鼠引入了日本。至于中国培养花式小鼠的历史，则可能可以追溯到更早的先秦时期，当然，在那个时期，花式小鼠更多地被用作观赏动物。

在 20 世纪初，美国杰克逊研究所的科学家进行了长期的实验，最终培育出了 DBA 近交系小鼠，这个名称来源于其遗传特征——稀疏毛发（dilute）、棕色（brown）、非斑纹（non-agouti），它是通过多代近交选择实验培养而成

的小鼠。这种小鼠是用于肿瘤、免疫系统以及遗传疾病等领域研究的理想模型。

在中国近代史中，特别是在 20 世纪初，发生了一起与鼠源疫病有关的重要事件，这一事件在中国医学和流行病学领域产生了深远的影响。

该事件发生在 1910 年的冬天，当时中国的东北地区爆发了一场严重的鼠疫。这场疫情由"中东铁路"（沙俄在中国东北修建的铁路线路）的满洲里站传入哈尔滨。12 月 18 日，著名防疫专家伍连德接到急电前往哈尔滨应对不知名的传染病，此病症状包括高烧、咳嗽、咯血，最终导致死亡。

伍连德深知情势紧迫，抵达哈尔滨后，立即召集当地医生商讨对策。他发现早期患者多为捕捉草原旱獭的猎户，从而推断疫情由旱獭引起。

> **科普小提示**
>
> ## 旱獭
>
> 旱獭属于啮齿目松鼠科的动物，常被称作土拨鼠，它们在生态系统中扮演着重要的角色。旱獭属的动物通常以对环境的适应能力和挖掘地洞的习性而闻名，这些动物不仅对土壤的通气和水分循环有积极作用，还能通过其活动为其他物种提供栖息地。

抵达的第三天，伍连德决定对死于鼠疫的尸体进行解剖。在当时，中国对现代医学和病理学的了解非常有限。传统观念中，解剖尸体被视为对死者的不敬，不仅受到社会风俗的限制，还在法律上被禁止。因此，伍连德只能秘密进行这次尸体解剖。这次尸体解剖，也是中国第一例有记载的病理解剖。

在伍连德等人的推动下，1913 年 11 月 22 日，北洋政府公布了关于尸体解剖法规的总统文告，随后颁发了详细规则，这是中国历史上首份官方准许尸体解剖的法律性文件。

当时没有实验室，伍连德和助手就在当地总商会借了一间房做血液化验。解剖取材后将样本固定并进行组织切片检验，在贝克显微镜下伍连德清楚地看到了一种椭圆形的疫菌——鼠疫杆菌，这正是导致鼠疫发生的病原菌。

有了研究方向，人们就开始捕捉老鼠，希望在老鼠身上发现鼠疫杆菌，只要证明疫病是通过老鼠传播，那就容易找到解决的办法了！

可惜天不遂人愿，他们一连解剖了几百只野鼠都未发现一例带鼠疫菌的。

怎么会发现不了呢？伍连德百思不得其解，基于种种实例，他大胆提出：流行的鼠疫不需要通过动物媒介，而是直接通过呼吸、咳嗽产生的飞沫传播，因此他将此病命名为"肺鼠疫"。

鼠疫杆菌

1923 年 6 月 2 日，伍连德带着东三省防疫处专家伯力士、关任民与扎博罗特内等人再次赴中俄边境考察。他们捕获了染疫及因病死亡的旱獭，获得珍贵的活体动物及标本。之后，伍连德在哈尔滨滨江医院实验室进行"旱獭疫菌吸入性实验"。

这个实验证明了旱獭之间可以不经过跳蚤这个中间媒介，而是只通过空气来传播鼠疫杆菌，这也意味着，人与人之间也可以直接传播病菌。至此，揭开了此次疫病传染的谜底。

这次的疫病无疑是一场灾难，但也是推动国人认识实验动物的契机，使得科学家们认识到实验动物对于人体健康的重要性。由于伍连德在这方面做出的巨大贡献，1935 年他被推举为诺贝尔生理或医学奖候选人，也成为第一位接近诺贝尔奖的华人。

说到这，我们必须提到我国现代生物制品事业的重要奠基人和开创者齐长庆，他的研究工作对我国的疫苗研究发展贡献良多。自1918 年从兽医学校毕业后，他就立志投身科学研究。凭借出色的成绩，他很快在北平中央防疫处担任技术助理。

　　1924 年，齐长庆到国外深造，归国后的他参与了多项重要研究和防疫工作。1926 年，他成功研制了天花痘苗毒种"天坛株"，这对我国消灭天花病毒起了决定性作用。1931 年，他又筛选并固定了狂犬病疫苗毒株"北京株"，大幅降低了国内的狂犬病发病率。这两项工作不仅在技术上取得了历史性的突破，也为中国的公共卫生事业的完善带来了长远的影响。

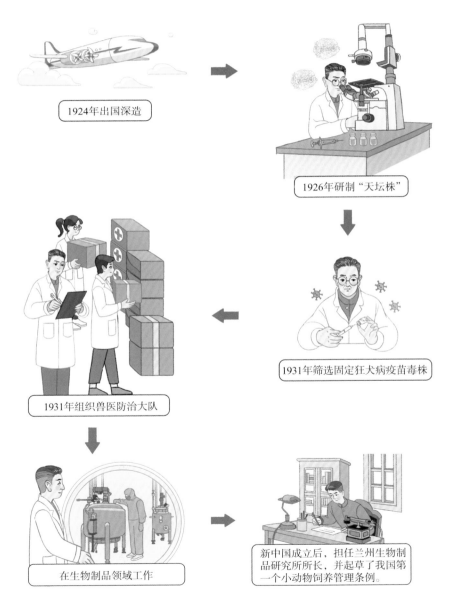

1924年出国深造

1926年研制"天坛株"

1931年筛选固定狂犬病疫苗毒株

1931年组织兽医防治大队

在生物制品领域工作

新中国成立后，担任兰州生物制品研究所所长，并起草了我国第一个小动物饲养管理条例。

1935 年，齐长庆筹建蒙绥防疫处，并在抗日战争期间组织兽医防治大队，对医药支援做出了贡献。之后，他继续在生物制品领域工作，并在 1949 年帮助中央实验处兰州分处恢复生产。中华人民共和国成立后，他担任兰州生物制品研究所所长，并在 1957 年主持起草了我国小动物饲养管理条例，极大地推动了中国在实验动物及疫苗研究领域的发展，标志着我国利用实验动物进入疾病防控的新篇章。

在 20 世纪 30 年代，中国的实验动物饲养和繁殖工作主要在少数大城市的科研单位中进行，规模相对较小。这一时期实验动物的使用主要集中在基础医学研究和一些生物学研究中，由于技术和资源的限制，实验动物种类和数量都比较有限。

1944 年，一个关键的转折点出现了——中国从印度引进了英国出口的 Swiss 小鼠。这一品系小鼠以其遗传稳定和良好的生物学特性著称，在实验动物领域中占有重要地位。

随着 1949 年新中国的成立，国家开始重视医学和生物科学的发展，实验动物行业因此得到了显著的推动。

在 20 世纪 50 年代，为了有效预防和控制传染病传播，我国对疫苗的研究与生产进行了大规模投入。这一时期，北京、上海、长春、大连、武汉、兰州和成都等地相继建立了生物制品研究所，并建成规模较大的实验动物饲养和繁育基地。这些基地不仅为科学研究提供了重要的实验动物资源，还为医学教学和药物研发提供了支持。

此后，各医药院校、药品检定所、卫生防疫部门和一些研究机构也陆续建立了不同规模的实验动物饲养繁育中心，这些举措为我国实验动物科学的发展筑就了坚实的地基。

然而，这些准备都仅仅是序幕。

实验动物行业在中国真正的起步和发展应从 20 世纪 80 年代初算起。

1980 年，国家科学委员会被确立为中国实验动物管理部门，并在 1982 年召开了第一次全国实验动物科技工作会议。四十多年走来，相较于其他行业的发展历史，实验动物科学显然还很年轻，但在今天生物制药繁荣发展的情况下，实验动物的重要性不言而喻。

　　随着实验动物在科研中的重要性被各界逐渐认识，我国的实验动物研究工作也逐步发展。政府和各个大学、科研机构纷纷投入大量资源，加强实验动物的繁育、管理和研究，并建立了一系列完善的实验动物饲养流程和配套的动物实验室。同时，我国也积极参与国际实验动物研究交流与合作，以此提高实验动物研究的水平。

　　总体来说，我国实验动物研究在过去几十年中取得了显著进步，但仍然需要持续努力和改进，以适应科学研究的发展和社会的需求。

第二节
实验动物重要性

2003 年，"非典"（重症急性呼吸窘迫综合征）在中国肆虐，引发了全社会的巨大恐慌。与战争、地震和洪水不同的是，病毒可以悄无声息地潜伏，能"无形"地侵入人体，而我们的免疫系统却无法抵御这个陌生的敌人。在全球范围迅速传播的病毒，不仅威胁了人们的健康，还会导致全球经济萧条。

疫苗的成功研发为我们提供了一颗定心丸，但是，疫苗究竟是从哪里来的呢？

看过相关科普的朋友可能会有所了解。科学家将病毒培养出来，利用物理或者化学方法使病毒的毒性减弱，即灭活病毒，然后制成疫苗。以流感病毒为例，科学家会将流感病毒培养在实验室中，然后通过物理或化学手段使其失去复制的能力，从而减弱其毒性，这样制成的疫苗注射到人体内，对人体的伤害会大大降低。但是，人体的免疫系统与病毒有了这样的"初次见面"，下次再见时就能够很快识别出病毒，并把它消灭掉。疫苗就是这样通过让人体免疫系统与病毒"熟悉"，以预防疾病的。

既然我们已经好奇"疫苗"的来处，那不妨更进一步地思考，是什么保证了这些疫苗的安全使用。

答案是实验。在疫苗的研发过程中会进行许多的实验，而这些实验中第一位"受试者"就是实验动物。

相关统计数据显示，在生命科学领域中，60％的课题涉及动物实验。历史上，许多重要的科研成果都是通过动物实验获得的，例如我们证实了鼠疫、布鲁氏菌病、白喉、破伤风、天花等传染性疾病都是由各种微生物引起的。

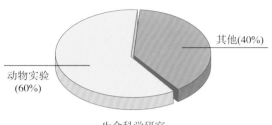

其他(40%)

动物实验(60%)

生命科学研究

科普小提示

天花

天花是一种烈性传染病，一旦被感染，得病者死亡率非常高，每4名病人当中便有1人会死亡，病程也只有15—20天，使人"闻之丧胆"。由于此病痊愈以后也会在脸上留下麻坑，所以得名天花。面对天花的威胁，中国古代人民有过一段艰难的探索，后来发明了痘衣法、痘浆法、旱苗法等才消灭了天花。

通过动物实验，我们发现了许多抗生素药物，其中最著名的就是青霉素。

故事始于1928年，一位名叫亚历山大·弗莱明的苏格兰细菌学家在伦敦的实验室里做实验。有一天，他发现一个培养细菌的培养皿被一种蓝绿色的霉菌污染了，令人惊讶的是在蓝绿色霉菌附近的细菌都死了。弗莱明意识到这种霉菌产生了一种强大的抗菌物质，他将这种物质命名为"青霉素"。

青霉素

这一发现在当时并没有引起太大的关注。直到十年后的1938年，牛津大学的两位科学家霍华德·弗洛里和厄恩斯特·钱恩开始研究如何从霉菌中提取青霉素，并将其转化为可以用于治疗感染的药物。1940年，弗洛里和钱恩领导的团队开展了关键性的青霉素动物实验。他们选择了8只小鼠，让它们感染致命的链球菌，然后对其中4只进行了青霉素治疗，结果令人鼓舞：经过几个小时的观察，接受了青霉素治疗的 4 只小鼠保持了健康状态，而未接受治疗的对照组小鼠则全部死亡。

青霉素的成功应用在战争中挽救了成千上万士兵的生命，它被誉为"奇迹药物"。1945 年，弗莱明、弗洛里和钱恩因为这一成就共同获得了诺贝尔生理学或医学奖。

随着时间的推移，科学家们通过对实验动物进行深入研究，发现了一系列能够抑制细菌生长的抗生素，如我们生活中常见的头孢他啶、红霉素、左氧氟沙星等。这些抗生素在医疗实践中的广泛应用，显著提高了各类细菌感染疾病的治愈率，为无数患者带来了新生。

除了抗生素，对实验动物的研究还促进了其他类型药物的开发。例如，科学家通过动物实验，成功发现了针对某些癌症的化疗药物，这些药物能够有效抑制癌细胞的生长。此外，还有许多生物制品，如疫苗和血液制品，其安全性和有效性也是通过动物实验得到验证的。

这些药物和生物制品的发现，极大地丰富了我们控制疾病传播和治疗疾病的手段，同时也为医学科学的进步和人类健康提供了坚实的保障。

 那么实验动物的重要性体现在哪些方面呢？

一、太空探索

在早期太空探索中，动物扮演着重要的角色，为人类提供了许多有关太空环境和人类适应性的关键数据。进入太空的第一批"宇航员"并不是人类，而是实验动物。"莱卡"，就是其中的著名英雄。

1954 年，苏联科学家在莫斯科街头注意到一只流浪狗。这只流浪狗具有优秀的适应能力，因此被选中参与太空计划，并被取名"莱卡"。被选中的莱卡开始接受太空训练，包括抗压测试训练和饥饿耐受训练，为即将到来的太空之旅做准备。

抗压测试是为了评估莱卡在承受极端环境压力时的心理和生理反应。在这些测试中，莱卡被置于模拟太空舱的密闭空间中，模拟太空旅行中可能遇到的高压和低压环境。科学家们通过实验设备监测它的心跳、呼吸和应激反应，以确保它能适应太空舱内的紧张环境。

饥饿耐受训练则是为了使莱卡适应太空中可能出现的食物和水源短缺的情况。在训练中，它的饮食被严格控制，模拟长期太空飞行中可能遇到的食物供应限制。这种训练测试可以让它的身体在食物和水源匮乏的情况下仍能维持较长时间的健康和活力。

1957 年，莱卡被苏联航天器送入了太空，成为最早进入地球轨道的动物，这比我们熟知的宇航员加加林还要早。

此后，在太空探索中动物作为"宇航员"的例子越来越多。

20 世纪 60 年代初，黑猩猩哈姆成为第一只进入太空的灵长类动物。选择灵长类动物是因为它们具有与人类相似的生理和心理特征，测试动物在太空环境下的生存能力和身体变化就可以推测出人类在面对太空环境时的身体数据，从而改进航天服、航天器。

迄今为止，动物宇航员仍然具有重要价值。

1. 生物适应性研究

动物宇航员可以帮助科学家研究重力缺失对骨骼和肌肉健康的影响。在太空中，缺乏地球的重力会对生物体的骨骼和肌肉造成损害，增加骨质疏松和肌肉萎缩的风险。通过观察动物宇航员的生理变化，科学家可以了解有关长期太空旅行对人类骨骼和肌肉健康影响的信息。

2. 舱外活动模拟

通过观察动物在太空环境中的行为和反应，可以模拟人类在舱外活动（如太空行走）时面临的挑战和可能的风险。这种模拟可以帮助科学家设计和改进航天设备，以确保宇航员的安全。

3. 生物学研究

动物宇航员能够提供关于生物学和生命科学方面的重要信息。例如，它们可以帮助科学家研究细胞生长和分化。太空中的微重力环境会对细胞的生长和功能产生影响，从而提供研究细胞生物学的独特机会。

4. 空间农业研究

通过将植物和动物一同送入太空环境，观察它们在太空中的生长过程，可以研究太空农业的可行性。空间农业研究有助于未来的长期太空探索任务，可以为航天员提供可持续和可靠的食物和氧气来源，进一步推动太空探索并增加未来人类在太空中居住的可能性。

1998 年 4 月 17 日，哥伦比亚号航天飞机开启了一次划时代的太空之旅，执行名为"神经实验室 1 号"的任务。这次任务独特之处在于它搭载了超过 2000 只特殊的太空旅行者，包括老鼠、鱼、蟋蟀和蜗牛。

这次太空探索的重点在于研究太空环境如何影响生物机体。在失重的条件下，老鼠为科学家提供了关于骨质疏松和肌肉退化的研究数据；鱼类被用来观察太空中胚胎发育的情况；蟋蟀则用于研究微重力如何影响生长周期；而蜗牛提供了关于神经系统和重力感知的数据。

这些实验动物的牺牲和奉献，为科学家提供了宝贵的数据，帮助我们深入理解在长期太空旅行中宇航员可能面临的生理和心理挑战。这些研究不仅预测了人类在太空环境中的生理变化，而且为地球上的某些神经系统疾病治疗提供了实际的指导。

虽然对动物宇航员的使用存在一些伦理和动物权益方面的争议，但它们仍然拥有重要的研究价值，并为人类的太空探索做出了贡献。

需要强调的是，随着科技的进步，人类逐渐获得了更多有效的替代方法来进行航天科学研究，减少了动物在太空探索中的使用。如今，大多数国家已经转向使用模拟设备、细胞培养和计算模型等技术来预测和评估宇航员在太空环境中的反应和健康状况。这是一个不断进步和发展的领域，我们应当持续推动科学研究和技术创新，以更全面了解太空环境的同时，尽量减少动物的使用。

二、农业和畜牧兽医

化学肥料、农药的残毒检测，粮食等经济作物品质的优劣评测等同样需要通过实验动物来确定，如果没有经过严格的动物实验验证，可能会发生很多问题。在新合成的农药化合物中，通过动物实验被证实对人体和动物没有危害的只占总数的三万分之一，其余都因对人的健康有危害而被禁用。

例如，早在 20 世纪 40 年代，美国就应用杀虫剂乙酰胺，后来发现这种杀虫剂具有很强的致癌隐患，并已经对人们造成了伤害。20 世纪 50 年代研究出的杀螨剂 Aramite，广泛用于棉花、果树、蔬菜，用了七年后发现其能引起大鼠和家犬的肝癌，虽停用但也已造成了一定的损失。

在中国也有类似的例子，过去我们大量使用有机氯农药，后来也发现这种成分的农药有致癌作用。20 世纪 70 年代，中国从瑞士的嘉基公司进口了杀虫脒的生产流水线，并投资建立了生产厂和 20 个车间。然而，由于忽略了对动物进行安全性实验，在投产后，才从国外得知杀虫脒可能致癌，并且国外已经停止使用。随后，中国不得不停止生产运作，造成了巨大的损失。

由此可见，用实验动物进行的安全性实验对农药、化肥等生产极为重要。

动物实验在兽医学中也发挥着重要作用。兽医可以通过动物实验开发针对致命疾病的疫苗，例如针对牛羊的炭疽病、兔的动脉硬化和脊柱先天性畸形、猫的视觉系统疾病，以及特定形式的动物癌症、糖尿病、溃疡和血液疾病等。

科普小提示

炭疽病

炭疽病是一种由炭疽杆菌引起的急性致命疾病。炭疽杆菌可以长期潜伏在土壤中，动物摄入后可能感染炭疽病。炭疽病主要通过牛羊等草食动物摄食受污染的饲料或水源传播。感染后动物可能表现出血液不凝固、从体腔流出暗红色血液等症状，并迅速死亡。炭疽病既可通过接触病死动物传播给人类，也能通过肉类和其他动物产品传播，因此是一种严重的人畜共患病。控制措施包括疫苗接种、焚烧或深埋病死动物尸体等。

在法国一个偏远的牧场，牧民们过着与牛羊为伴的传统生活。然而，不久之后，一场可怕的病疫突袭了这个宁静的地方。

这个地区的牛羊开始出现异常的症状，牛羊身上一旦出现伤口，就会产生1—3厘米的溃疡，从溃疡的中心又开始出现黑色坏死的焦痂，于是人们给这种疾病起了一个可怕的名字——炭疽病。牧民们焦急万分，找遍了附近的兽医，但仍然束手无策。他们无奈地目睹着一头头珍贵的牛羊被这可怕的疾病夺去生命。

炭疽病的典型征兆

就在这个危急时刻，一位专门研究疫苗和预防疾病的科学家来到了这里，他就是路易·巴斯德。19 世纪 70 年代，法国微生物学家巴斯德开始了对炭疽病的研究。巴斯德想确认引起炭疽病的病原体，并寻找一种方法来预防或治疗这种疾病。

首先，巴斯德成功地从病死的羊体内提取血液并分离出了引起炭疽病的细菌，即炭疽杆菌。接着，他进行了一系列实验，将这种带有病菌的血液注射到实验动物（如豚鼠或兔子）的体内，结果这些动物迅速死于炭疽病，并且再次从它们的体内分离出了相同的炭疽杆菌。

在实验中，巴斯德还注意到，一些曾经患过炭疽病但幸存下来的动物，再次注射病菌后不再感染炭疽病，这表明它们获得了对这种疾病的抵抗能力（这就是我们现在所认识的免疫力）。

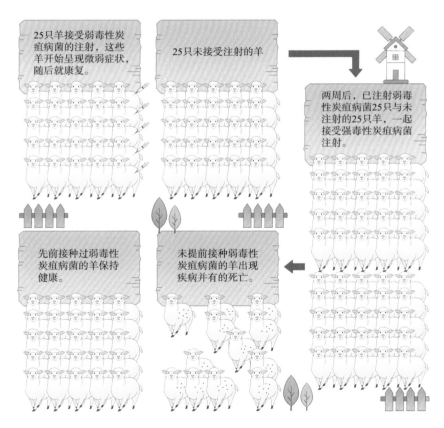

巴斯德接下来的研究重点是寻找一种方法来制备炭疽病的疫苗，以提高牲畜的免疫力，从而减少其感染炭疽病的风险。通过多次实验，他和他的助手发

现，将炭疽杆菌在接近 45℃ 的条件下连续培养，可以减弱其毒性。

巴斯德公开宣布将在农场进行一次关键的实验，以证明预防疫苗的有效性。

他选择了 50 只健康的羊作为实验对象，将弱毒性的炭疽病菌注射给其中的 25 只羊，同时另外的 25 只羊没有接受注射。由于这批病菌毒性较弱，那 25 只注射弱毒性的炭疽病菌的羊出现了微弱的异常后又渐渐痊愈。两周后，巴斯德再次将炭疽病菌注射到羊体内，这次是对 50 只羊全部注射强毒性的炭疽病菌。

结果如何呢？那些之前注射了弱毒性炭疽病菌的羊，依然健康无恙。而没有接受注射的羊，则纷纷患上了炭疽病，且病情加剧甚至死亡。

当实验结果得到证实，巴斯德和一群农民在草原上欢呼雀跃。实验证明了巴斯德的猜想：通过注射弱毒性的炭疽病菌，可以激发动物体内的免疫系统，使其能够抵御更强毒性的病原菌，从而预防疾病的暴发。

这一重要的发现为炭疽病的防治带来了曙光。巴斯德的方法得到广泛应用，养殖场和农村定期对牲畜进行疫苗接种，成功地控制了炭疽病的传播。巴斯德的贡献为社会公共卫生和经济发展带来了巨大的帮助，牧民们也终于摆脱了炭疽病所带来的恐惧和苦难。

三、环保和地震监测

在环保方面，功勋卓著的当属水生动物。它们的生息繁衍离不开水，对水质条件的恶化反应强烈。正由于其终生生活在水中，在毒性实验时操作极为方便，特别有利于进行耗时长的环境慢性毒性研究，一直是水环境污染研究的重要材料。例如，鱼类对药物、毒物十分敏感，极微量的成分就可以引起其很强的反

应，对于检测人工污染物和自然污染物都是非常好的生物指示剂。

同时，不同生物对环境需求有所差异，通过对水体中生物种类和（或）数量的分析，可以对水资源的污染总体状况进行判断。水生动物种类（特别是鱼类）的减少是环境恶化的重要标志，而生物多样性增加则表明环境的改善。

具有"水中大熊猫"之称的桃花水母就可作为一种典型的监测标志。桃花水母对生长的水环境要求极高，水质不能受到污染，周边环境的轻微变化就会导致其消失。近年频频出现的"桃花水母"是水环境治理有效的显著标志。

实验动物在地震监测中同样也发挥着重要作用。早在公元前373年，就有动物异常行为与地震发生相关联的记录。

事情发生在希腊的赫里克。在赫里克地震前，人们家中养的狗和鹅就躁动不安，到处上蹿下跳，无数的老鼠、蜈蚣、黄鼠狼也一反常态在白天就从阴暗的角落里跑出来。有心之人注意到了动物的异常，却不明白究竟为什么。几天后大地震开始了，这场灾难在夺走无数人生命的同时也摧毁了这座城市。

2004年，印度洋发生8.9级地震，地震及海啸导致近15万人死亡。死亡人数如此之多的原因是很多人并没有接到海啸警告的通知。但是在灾难来临前的几个小时，很多动物就有所感知。很多时候，动物比人类敏感得多。大象会跑向高地，火烈鸟也放弃了位于低洼的巢穴飞到山上。

大象虽然看起来体型笨拙，但其实是非常敏感的动物，它们具有很强的地

科普小提示

水中大熊猫——桃花水母

桃花水母生长在清洁的江河、湖泊之中，其体型较小，具有粉色的生殖腔，中间长着五个呈桃花形分布的触角状物体并多在桃花季节出现，故得名桃花水母。它们无头无尾呈圆形，晶莹透亮，柔软如绸，是一种濒临灭绝、古老而珍稀的腔肠动物。

震感知能力。在地震前，大象可能会表现出焦躁不安、奔跑等行为。这些反常的行为往往能够吸引人们的注意，并促使人们采取行动。

火烈鸟通常在低洼地区筑巢，但在地震和海啸来临之前，它们会放弃巢穴飞向较高的地方。这种行为变化可能是因为火烈鸟能够感受到地面的震动和可能的海啸威胁。

动物为什么能够这么灵敏呢?

这些动物的异常行为可以作为一种自然灾害预警系统的一部分，帮助人们提前做好准备保护自己。在过去的灾难中，如果通过观察和记录动物行为的变化，人们能够获得关于地震和海啸的有用信息，便可以及时采取措施减少人员伤亡和财产损失。因此，动物在地震和海啸预警中扮演的角色是非常重要的。例如，在地震监测中，通过观察小鼠的行为与生理反应，可以评估地震对生物的影响程度。

四、制药、食品工业

目前，几乎所有生命科学领域的科研、教学、生产、检定、安全评价和成果评定都离不开实验动物，实验动物被称为"活的仪器"，有着不可替代的作用。

动物实验的意义不仅在于验证可能有效的潜在药物，更在于帮助排除掉那些明确无效的或成功可能性极低的药物，降低人体实验时受试者需要面对的风险。动物实验有效而人体临床试验无效，更多反映的是动物模型与人体真实疾病的差异。如何更好地模拟人类疾病，让药物在临床试验前的评估更准确，一直是一个极大的挑战。毕竟人类疾病往往极为复杂，有时还是多种因素共同作用。

一类常见的应用是食品毒理学研究。通过动物实验，科学家可以评估食品中潜在的毒性物质对生物体的影响。这些实验通常涉及将小鼠、大鼠等实验动物暴露于不同浓度的化学物质中，以评估这种物质对动物的毒性和安全性。这类实验有助于确定某些食品成分摄入量和食品添加剂的安全使用上限。

另一个应用是营养研究。动物实验可以提供有关不同食品成分和饮食结构对生物体的影响信息。科学家可以通过对实验动物进行长期饮食控制，评估特定饮食成分对健康的影响，如脂肪、糖和蛋白质的摄入量对健康的影响。这些研究有助于指导人类制订合理的饮食和营养规划。

此外，动物实验在食品科技的研发中也发挥着重要作用。例如，在新食品添加剂、保鲜技术和基因编辑等方面，动物实验可以为食品行业提供安全性和效果评估。

第三节
建立相关法规

1978 年，党的十一届三中全会在北京举行。这次会议提出了改革开放的任务，国家采取了一系列新的重大的经济措施来适应我国科技经济快速发展的需求。也是从这里开始，我国的实验动物科学得到了快速发展。1982 年，国家科学技术委员会（现科学技术部）组织召开了全国第一次实验动物科技工作会议，将发展实验动物科学纳入国家计划，之后，先后建立了四个国家级实验动物中心。

1987 年，中国实验动物学会的成立，标志着实验动物事业迈入了一个新的阶段。仅一年后，国家科学技术委员会也颁布了《实验动物管理条例》，为实验动物的保护和管理奠定了法制基础。

1994 年，国家技术监督局（现国家市场监督管理总局）发布了实验动物的首部国家标准，共 7 类 47 项（4 项强制性标准和 43 项推荐性标准），其中 4 项强制性标准包括 GB 14925—1994《实验动物　环境及设施》、GB 14922—1994《实验动物　微生物学和寄生虫学监测等级（啮齿类和兔类）》、GB 14923—1994《实验动物　哺乳类动物的遗传质量控制》、GB 14924—1994《实验动物　全价营养饲料》，这些标准从环境、微生物、寄生虫、营养、遗传等方面提出了控制指标，让我国的实验动物工作开始走上科学化、标准化的法制轨道。接着，1997 年，国家科学技术委员会颁布了关于"九五"期间实验动物发展的若干意见，进一步推动了实验动物保护事业的发展。

如今，国家各相关行业部门以及各省、自治区、直辖市都建立了实验动物管理机构，并制定了实验动物管理实施细则。如《北京市实验动物管理条例》《广东省实验动物管理条例》等。其中《广东省实验动物管理条例》在 2019 年进行了第二次修订，为实验动物的保护工作提供了更为完善的法规保障。

同时，一系列规范性文件也相继颁布，比如 1997 年国家科学技术委员会

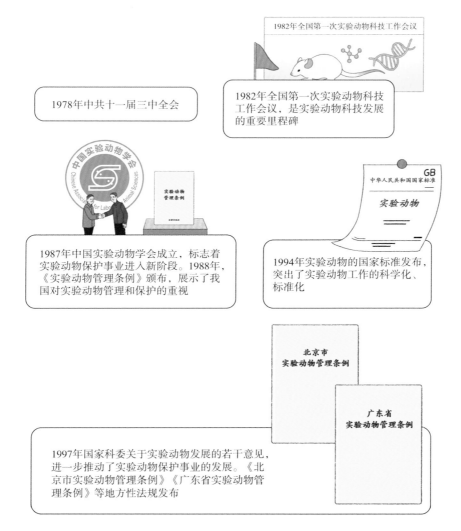

1978年中共十一届三中全会

1982年全国第一次实验动物科技工作会议

1982年全国第一次实验动物科技工作会议，是实验动物科技发展的重要里程碑

1987年中国实验动物学会成立，标志着实验动物保护事业进入新阶段。1988年，《实验动物管理条例》颁布，展示了我国对实验动物管理和保护的重视

1994年实验动物的国家标准发布，突出了实验动物工作的科学化、标准化

北京市实验动物管理条例

广东省实验动物管理条例

1997年国家科委关于实验动物发展的若干意见，进一步推动了实验动物保护事业的发展。《北京市实验动物管理条例》《广东省实验动物管理条例》等地方性法规发布

颁布的《实验动物质量管理办法》、1998 年科技部发布的《实验动物种子中心管理办法》、2001 年国家七部局颁布的《实验动物许可证管理办法》、2006 年科技部发布《善待实验动物的指导性意见》等。

　　这些法规文件为实验动物保护事业的健康发展提供了有力支持。如今，行业和区域性实验动物中心也得到了成立，大部分省、直辖市都实施了实验动物合格证制度，为实验动物保护工作提供了有力保障。

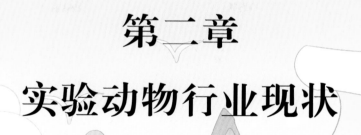

第二章

实验动物行业现状

挑战与机遇，并肩前行。

中国实验动物学科，展望美好的未来。

Cas9

第一节
行业现状

一、人员储备

在我国，实验动物行业属于基础行业，它不仅是动物学、医学、药学和统计学等众多领域的重要组成部分，也是生命科学研究的基石。然而，这个行业目前正面临着专业技术人才短缺的严峻挑战。

一方面，尽管对具备生命科学知识的专业技术人才需求强烈，但我国开设实验动物学的高等院校数量却较少，人才培养体系不够完善。这导致了实验动物学相关专业的毕业生数量远远无法满足行业迅速发展的需求。

另一方面，一些有专长的科技人员在选择职业道路时表现出多样化的兴趣。他们中的许多人被其他研究领域所吸引，例如人工智能和互联网技术等领域。这种趋势反映了科技领域多元化的发展方向和个人职业兴趣的多样性。

由于专业技术人才的缺乏，实验动物行业的发展也受到了制约。缺乏专业技术人员意味着无法保证实验动物的质量和健康状况，实验过程缺乏标准化，实验的结果可能会受到影响，甚至无法得出有意义的结论。

为了解决这个问题，我们需要采取一系列措施。例如加大实验动物专业人才的培养力度，增加开设此专业的高等院校数量。同时，加强与相关学科的交叉融合，使实验动物学能够从更广泛的角度进行研究和应用。提高对实验动物行业的社会认可度和薪酬待遇，增加专业技术人员的入行积极性。此外，建立相关行业协会或组织，为从事实验动物行业的专业技术人员提供更多的培训和职业发展机会。

总体而言，实验动物行业的进步依赖于拥有生命科学知识的专业技术人才。通过加强对关键人才的培养，以及提升行业的社会形象和认可度，能够有效地应对目前的挑战。这样的努力将为实验动物行业的未来发展铺平道路，确保其能够持续地获得所需的专业支持和创新推动。

二、实验动物质量

我国的实验动物行业经过多年的发展，取得了长足的进步。在硬件设施方面，各个实验动物繁育中心不断更新设备、提高生产效率。实验动物的饲养条件得到了明显改善，例如新建的实验动物设施拥有先进的通风、温控和消毒设备，可以确保实验动物生活在良好的环境中。

此外，国家还不断加强对实验动物的管理力度，进一步规范了实验动物行业的发展。国家发布了实验动物的各项标准，包括实验动物的饲养标准、疾病检测标准、实验操作规范等，为实验动物的质量控制提供了指导。例如，根据国家标准，实验动物必须经过严格的健康检测，以确保其不携带特定病原，减少实验结果的误差。

与此同时，我国的实验动物产业化也取得了一定的进展。越来越多的研究机构和生物制药公司开始在实验动物的繁育和供应方面进行产业化运作，建立起了完善的实验动物供应链。

例如，昆明小鼠作为中国生产和使用量最大的远交群小鼠，原始株系源于 Swiss 小鼠。这种小鼠首次引入中国是在 1944 年 3 月 17 日，由学者从印度哈夫金（Haffkine）研究所带到位于昆明的中央防疫处。因为这些小鼠最初是在昆明养殖的，所以被命名为昆明小鼠。这种小鼠在 1950 年被引入北京，并且在 1954 年开始在全国各地推广。昆明小鼠以其强大的抗病力和适应力、高繁殖率和成活率著称，再加上相对低廉的价格，被广泛应用于药理学、毒理学等领域的研究，以及药品和生物制品的生产与检定。

此外，我国的实验动物行业还积极开展国际交流与合作，与其他国家的实验动物行业建立了紧密的合作关系，共享经验和资源。通过合作，我国的实验动物行业不仅可以引进先进的养殖和管理技术，还可以推广我国的实验动物品种和模型，提升国际地位。

我国的实验动物行业通过在硬件设施和软件管理方面的提升，产业化运作的实验动物供应链不断完善，实验动物的质量得到了大幅提高。国家的标准化管理为实验动物的质量控制提供了指导，开展国际合作则进一步推动了实验动物行业的发展。

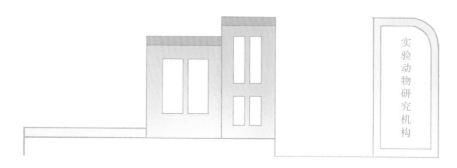

未来，随着科技的不断进步和国家对实验动物行业重视程度的提高，我们有理由相信我国的实验动物行业将迎来更加繁荣的发展。

三、实验动物产业

近年来，伴随着实验动物行业的发展、竞争机制的完善和企业的积极参与，中国的实验动物繁育、生产和供应逐渐走向了专业化、社会化和产业化的轨道。这种发展趋势不仅促进了实验动物领域的技术进步，还有助于提高实验动物生产的质量和效率，从而更好地支持科学研究和医学发展。

截至 2022 年 6 月，全国从事实验动物相关工作的机构超过 1700 家，其中具有实验动物生产资质的机构超过 12%。国家啮齿类实验动物资源库和国家遗传工程小鼠资源库的建立，助力了实验动物种质资源的收集、整理、保存、研发等方面的工作，并逐步形成了具有我国特色的实验动物种质资源保存和共享服务体系，保证了啮齿类实验动物的种源质量。

　　实验动物科学是生命科学、医学乃至食品、农业等领域的科技支撑条件，实验动物产业是实现实验动物科学技术支撑的基础。中国实验动物科学的水平和产业经过 30 多年的发展，已具有相当的规模。

　　实验动物生产规模不断扩大的同时，生产模式由过去的自给自足的小农经济向大规模的现代化、企业化生产方式转变。2021 年，中国对不同类型实验动物的需求量分别为：实验用鼠需求量 4982.34 万只，实验兔的需求量 220.55 万只，实验犬需求量 6.41 万只，实验非人灵长类动物需求量 12.92 万只，实验小型猪需求量 6.6 万只，实验鸡胚需求量 7768 万枚，其他实验用动物需求量 11710 只。

　　实验动物相关产业在近年来有了显著的发展。这些产业包括了饲料、垫料、笼器具、环境设施、动物实验仪器设备等，为实验动物的繁育和使用提供了全面的支持。数据显示，2023 年中国实验动物市场规模达到 180.4 亿元。此外，实验动物饲料产业在华北、华中、华南、华东等地区均有分布，显示出实验动物饲料行业在中国的广泛分布和重要性。

　　笼架具生产：笼架具生产已初步实现区域集约化，例如在江苏苏州一带，已经形成了较为集中的笼架具产业。

　　动物实验仪器设备：在动物实验仪器设备领域，中国已经达到了数亿元的年采购量，反映出动物实验技术的高度发展和广泛应用。

　　尽管中国的实验动物行业正在快速发展，但同时也暴露出了一些问题，主要集中在以下几个方面。首先，国内在物种资源、基因工程实验动物资源、疾病动物模型资源以及特色濒危实验动物资源方面存在明显不足。其次，实验动

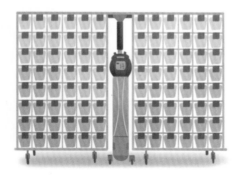

物及其相关产品的质量需要进一步提升。虽然建立了全国性的检测网络，但检测试剂标准不统一、行业自律性不足，导致产品质量标准不一致。此外，专业人才的缺乏也严重制约了实验动物产业的进一步发展。这些问题的存在对中国实验动物产业的未来发展构成了挑战。

第二节
行业前景

实验动物行业，虽不为公众广泛知晓，却是生物医学研究的重要支柱。这一行业的价值和发展前景在多个方面得以显现。

首先，实验动物在医学研究中扮演着关键角色。以疫苗的开发为例，正是通过对实验动物的研究，科学家才得以快速理解病毒的特性，加速疫苗的测试和开发。实验动物模型的使用，为疫苗的安全性和有效性提供了关键数据，这一点在全球范围内的疫苗研发中都非常显著。

随着社会对动物福利的重视日益增强，实验动物行业在伦理和动物福利方面也取得了显著进步。2006 年中国发布的《关于善待实验动物的指导性意见》便是一个重要标志。该指南不仅强调减少动物痛苦的重要性，还为实验动物的饲养、使用和管理设立了更高标准，这在提高实验的伦理性和准确性方面起到了重要作用。

实验动物行业还是科技创新的重要推动力。例如，通过 CRISPR 基因编辑技术在小鼠身上进行的研究，帮助科学家探索遗传疾病的机理，推动了遗传学和分子生物学的快速发展。在生物医学领域，CRISPR 技术已被用于研究和治疗多种遗传性疾病，如遗传性视网膜疾病，研究人员利用 CRISPR 技术修正了导致某些形式的遗传性视网膜退化疾病的基因缺陷。

这一研究不仅表明了 CRISPR 技术在遗传病治疗领域的潜力，还为其他多种遗传性疾病的研究和治疗提供了重要线索。因为在基因编辑领域的革命性贡献，CRISPR 技术的开发者埃玛纽埃尔·沙尔庞捷和珍妮弗·道德纳共享了 2020 年的诺贝尔化学奖。

CRISPR 基因编辑技术

基因编辑技术是一种革命性的生物工程方法，用于精确修改 DNA 序列。这项技术利用一种名为 Cas9 的酶，它可以被指导到特定的 DNA 序列位置切割 DNA 链。科学家通过设计特定的 RNA 序列（被称为指导 RNA）来指导 Cas9，确保它精确地定位到目标 DNA 上。CRISPR 技术的应用非常广泛，包括遗传疾病的研究和治疗、作物遗传改良，以及对动物模型进行基因修改以研究疾病机理。由于高效、准确和成本相对较低，CRISPR 已成为生命科学领域的重要工具。

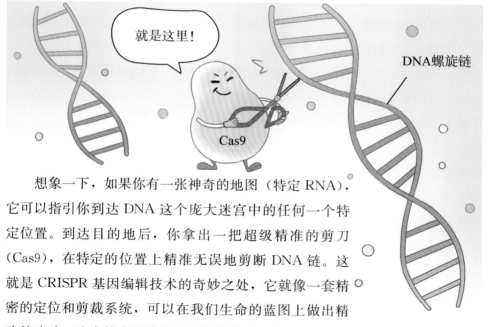

想象一下，如果你有一张神奇的地图（特定 RNA），它可以指引你到达 DNA 这个庞大迷宫中的任何一个特定位置。到达目的地后，你拿出一把超级精准的剪刀（Cas9），在特定的位置上精准无误地剪断 DNA 链。这就是 CRISPR 基因编辑技术的奇妙之处，它就像一套精密的定位和剪裁系统，可以在我们生命的蓝图上做出精确的改动。这个技术就像是生物学的北斗导航卫星系统加上激光切割机，不仅能找到精确的位置，还能完成精细的修改工作，使得科学家能够在生命的编码中"编辑"出我们想要的结果。

实验动物的应用范围极为广泛。在阿尔茨海默病、癌症等疾病的研究中，动物模型也提供了重要的生物学信息，帮助科学家探索新的治疗方法。这些研究不仅推动了医学的进步，也为患者带来了新的希望。

从职业角度来看，实验动物行业提供了广泛的就业机会。这一领域涉及的职业不仅包括实验动物的照料和管理，还包括实验设计、数据分析、伦理审查等多个方面，为生物学、兽医学、伦理学等多领域专业人士提供了职业发展机会。

国际合作在实验动物行业中也扮演着重要角色。例如，中美两国在动物模型标准化方面的合作，提高了研究的国际通用性和可信度。

在公共卫生领域，实验动物的作用不容小觑。通过对动物模型的研究，科学家可以更好地理解疾病的传播方式和影响，为疾病预防和控制提供科学依据。

根据"十四五"规划和2035年远景目标纲要，生物技术、生物医药、基因技术和生命健康等领域备受关注。这些领域与实验动物紧密相关，而国家政策的支持促进了我国实验动物行业的迅速发展，尤其是在医药行业，保持了强劲增长。

在中国的不同地区，如长江三角洲地带，有众多代表性实验动物企业正在致力于临床疾病的研究，特别是肿瘤和心血管疾病的预防和治疗。尽管我国实验动物行业起步较晚，但在国家和地方政府的支持下，新品种的研发取得了显著的进展，开发出了中国特有的实验小型猪、疾病动物模型、转基因小鼠等。灵长类研究也正在成为中国生命科学的重点领域。

实验动物行业不仅充满挑战，也充满机遇，为年轻人提供了参与生命科学发展的宝贵机会，激发从业者不断探索，发现其内在的奇妙和潜力。

第三节
国内外实验动物管理方式

中国现代实验动物行业的发展与欧美国家相比晚了30年，而实验动物福利发展晚了近百年。这样的对比无疑令人扼腕叹息，面对这样的差距，我们需要正视并采取行动来缩短差距。中国的实验动物管理方式与欧美国家相比也确实存在一定差距。

1. 法律体系

欧美国家拥有成熟的法律法规体系保护实验动物，例如1966年美国颁布的《动物福利法》和1822年英国颁布的《防止虐待动物法令》。相比之下，中国在这方面的发展较为滞后，中国正式政策和规定中首次提及"动物福利"是在1988年颁布的《实验动物管理条例》。

2. 机构监管

欧美国家针对实验动物的使用设有专门部门监管，以保障实验动物的福利伦理。例如，美国的国家卫生研究院（NIH）和英国的家庭办公室（Home Office）等机构承担着实验动物伦理监管和动物保护的重要责任。这些机构不仅负责审查和批准实验动物的使用计划，还会定期检查动物的生活状况，以确保它们得到适当的照顾和保护。通过这样的机构监管，欧美国家能够更有效地保障实验动物的福利。

尽管国家科学技术委员会在1988年就发布了《实验动物管理条例》，但这一条例仍需细化，不同省份对实验动物使用的管理强度和伦理治理水平参差不齐。

3. 伦理审查

在欧美国家，对实验动物使用的伦理审查极为严格，不仅要求科研人员考虑使用替代方法，还要求尽量减少动物的使用和减轻其痛苦。公众对动物福利的关注程度较高，动物福利被普遍认为是科研伦理的一个重要方面。

4. 资金投入

在欧美国家，政府和私人机构对实验动物研究的资金投入非常可观。不仅包括对实验动物的直接照顾和福利改进，还包括在研究方法、设施升级和员工培训等方面的投资。这些投资有助于提高实验质量和动物福利水平，也促进了科学研究的发展。

近年来，中国已经开始加强保护实验动物的工作，在逐步完善相关的法律法规，也开始更加关心实验动物的福利保护，例如放宽对某些产品的动物测试要求，显示出对替代测试方法的接受度在提升。在了解我国实验动物行业的现状后，大家不难发现，虽然在法律法规、伦理审查和动物福利方面取得了一定进展，但仍有很多工作需要做，如人才的培养和专业知识的普及。

第三章
实验动物行业人才培养

当年院校开新篇，动物学科悠悠然。
书香丛中起征程，少年踏上求学路。

书香润梦启征程

少年志壮踏学程

第一节
学科建设

一、学科的成立

近年来，实验动物学科在一些高校的发展进展较为明显。以西北农林科技大学为例，该校的实验动物学科历经多次的分合与更名，最终在 1998 年合并成立动物科学与动物医学学院，并于 1999 年整合了陕西省农业科学院的相关研究所，形成了动物科技学院。随着学校学科发展规划的进一步推进，于 2007 年又成立了新的动物科技学院，以畜牧学作为一级学科。

华南农业大学的实验动物学科也有较为丰富的发展历史。该校的兽医学院在 1952 年由原中山大学、岭南大学、广西大学的畜牧兽医系合并成立，成为华南农学院的畜牧兽医系。随后，该系于 1987 年成立兽医系，1993 年更名为动物医学系，2001 年更名为兽医学院。在此基础上，2002 年增设了小动物疾病防治方向，2004 年设立了动物医学专业的动物药学方向，2005 年又成立了动物药学专业。

除了上述提及的西北农林科技大学和华南农业大学，中国的实验动物学科在其他高校也有着较为广泛的分布。比如，中国农业大学的动物科学与技术学院，其在 1949 年成立的北京农业大学的基础上发展而来。该学院拥有兽医学、动物科学与技术、动物医学技术三个本科专业，并设有动植物疫病防治与检测工程技术研究中心、动物生物技术研究中心等科研机构。

作为中国农业科学院的重要科研机构——中国农业科学院兽医研究所，也一直致力于兽医学和动物科研的研究和教育工作。该所成立于 1958 年，拥有兽医学博士学位授权点，开展兽医学、动物营养与饲料科学、动物病理学等多个学科的研究和教学工作。该所还承担着全国性的动物疫病防控和兽医科技推广的任务。

中国农业大学兽医学院、四川农业大学动物医学院、南京农业大学动物医学院等高校的实验动物学科也有着较为显著的发展。这些学院致力于培养兽医学专业人才、开展动物健康与疾病控制等领域的研究。

但是，目前行业人才缺口很大。上述高校、科研院所开设的实验动物学均为硕士学历及以上，而全国开设实验动物学本科专业的高校仅有4所，分别为扬州大学、山东第一医科大学、辽宁中医药大学、贵州中医药大学，其他大部分本科专业则是以面向畜牧养殖和宠物医疗为主，与"实验动物行业"的专业匹配度并不强，这一定程度导致了实验动物行业管理人员短缺的问题。

从以上多所高校的实验动物学科发展可以看出，实验动物相关学科的成立历经了多次的分合、更名与整合。这些变化反映了学校对实验动物学科的重视和对畜牧兽医学教育的发展需求。随着学科规模的扩大和专业方向的增加，实验动物学科的教育和研究内容逐渐得到丰富和完善，为培养实验动物学相关专业人才提供了良好的平台和资源。

这里我们以中国农业大学兽医学科的发展为例，看看一门学科在百年传承下的发展足迹。

二、学科发展

中国农业大学的兽医学科可是相当有来头，算得上我国最早成立的兽医学科之一。而动物医学院更是这所大学历史最悠久的学院之一，有着非常悠久的历史和丰富的传统。

故事开始于1905年，那时候还是"京师大学堂农科大学"时期，她就已经开设了兽医学课程，为培养兽医人才打下了基础。

随着时光的流逝，学校经历了一系列的改名和合并。1914年，学校改名为"北京农业专科学校"；1923年，改名为"国立北平农科大学"，在这一时期新开设了兽医学课程，并成立了畜牧学系，为畜牧学科写下了崭新的篇章；1928年，学校改名为"北平大学农学院"，依然保留着兽医学课程。

1949年，北平大学农学院并入了北京农业大学，把兽医学课程一并带了进来。在此之前，1947年晋冀豫地区设立了"北方大学农学院"，这个学院设有畜牧兽医系和兽医专科学校。1948年，北方大学农学院改名为"华北大学农学院"。1949 年 10 月 9 日，北京农业大学兽医系在北京大学农学院、清华大学农学院和华北大学农学院合并后正式成立。这也是著名的"三校合一"。

1995 年 9 月，北京农业大学与北京农业工程大学合并成为中国农业大学。

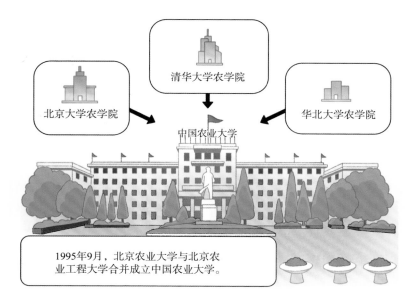

1995年9月，北京农业大学与北京农业工程大学合并成立中国农业大学。

2023 年，中国农业大学的动物科学技术学院迎来了 100 周年的院庆，从 1923 年的畜牧学系设立到动物科学技术学院的成立，已经有整整百年的历史了，一路上充满了无数的故事和辉煌成就！

"赓畜百年，牧育桃李。""赓畜百年"，意味着畜牧学系在过去的百年时间里持续发展和传承，不断积累经验和智慧；"牧育桃李"则指的是畜牧学系所

培养出的优秀人才，他们如同桃树一样苗壮成长，结出了丰硕的成果。百年来，畜牧学系历经传承与发展，坚守创新，不断前行，孕育出新时代的动物科学技术学院。这些文字无时无刻不表达着百年来学院的辉煌历程以及对未来的期望！

毫无疑问，兽医教育在中国农业大学动物医学院的发展过程中经历了许多变迁，也曾遭遇很多困难，但也得到了国家的关怀、科学家的努力以及教育工作者的智慧和力量的支持。

随着社会的发展和进步，人们对兽医教育的认识逐渐提高，兽医的重要作用也越来越凸显出来。可以想象在未来，中国农业大学动物医学院和动物科学技术学院将承担更多的任务和面临更多的挑战，中国的实验动物行业发展亦是如此。

三、培养方案

即使是同一个专业，不同学校在教学内容和方式上会存在显著差异。这种差异不仅体现在课程名称上，甚至连使用的教材也可能不同。因此，大家在选择学校和专业时，事先了解学校的培养计划是非常重要的。这样可以帮助我们对自己未来的学习路径有一个更清晰的认识，从而做出更合适的选择。

特别是对于那些理论性较强的学科，本科阶段的学习往往只是对各个研究方向的初步了解。如果大家在选择专业时缺乏充分的信息和深思熟虑，那可能会对自己所学的内容感到困惑，甚至产生"我学的到底是什么"这样的疑问。因此，深入了解学校提供的课程和教学方法，对于未来的学习和职业规划来说，是非常关键的一步。

若大家想要深入了解某个学校的课程安排，可以从什么渠道获取信息呢？

首先，浏览学校的官方网站是最直接的途径，这里通常包含了课程列表、详细描述、学分要求等重要信息。其次，参加学校的开放日或校园参观活动，能够让大家亲自体验校园氛围并向教职员工及在校学生直接询问课程相关的细节。当然，远在千里之外的学子无法到学校去现场咨询，那么在线上与校友或在校学生交流也是获取第一手信息的好方法。可以在社交媒体和专业论坛上寻找相关的讨论，这些平台上经常有学生和校友发表的他们对课程的看法，他们分享的经验能够提供宝贵的帮助。通过这些渠道，大家能够掌握全面而深入的信息，以做出更明智的选择。

这里我们仍然以中国农业大学为例，带大家看看学校制定的培养方案。

动物医学专业的培养目标：培养具备扎实的动物医学基本知识、基本理论和基本技能的兽医人才，使之胜任兽医业务部门、动物生产单位及相关部门的兽医临床、防疫检疫、教学、科研等工作。

表 3-1　中国农业大学动物医学院 2016 版本科生培养方案（节选）

课程	目的
生物学、动物生理学、动物生物化学及各类相关实验课	掌握生命科学和动物生理生化相关的基本理论知识和相关的实验技能
动物解剖学、动物解剖学大实验、动物组织与胚胎学、兽医病理解剖学、兽医病理解剖学实验、兽医药理学等	学习并掌握动物解剖和组织结构、病理剖检诊断、药物开发和应用以及生物检测等方面的专门技能；理解和掌握畜禽器官组织的结构功能及其生长发育规律、疾病发生机理和药物作用机制等知识；培养学生的兽医和食品公共安全的责任感与使命感
兽医微生物学、兽医寄生虫学、动物食品卫生学、实验动物学及相关实验	掌握动物常见细菌病、病毒病、寄生虫病的常规诊断技术及基本操作技能，了解实验室生物安全管理及动物重大疫情处理相关法律法规的培训；了解畜禽养殖场的生产管理及兽医管理技术，掌握畜禽疾病尤其是群发性传染病和寄生虫病的诊断和防治技能；通过一系列课程学习，全面、系统地掌握动物疫病的实验室诊断技术，具备一定的疫病处理能力

第二节
专业类别

一、动物科学——畜牧

动物科学专业的主要学习内容就是通过科学的方法，研究和应用动物的遗传、生理、行为和环境等方面的知识，以提高动物的生产性能和质量，满足人们对于优质动物产品的需求。

动物科学专业的重要领域——养殖业，通过人工饲养和管理，培育种畜禽，提供人类所需的畜禽产品。养殖业的目标是提高动物的生产性能，如增加肉类、蛋类、奶类的产量，改善肉质的质量等。动物科学专业的学生将学习动物的生理结构、生长发育过程、繁殖机制等知识，掌握科学的养殖技术，从而能够提高畜禽的生产效益和产品质量。

动物科学专业也涉及动物营养学的研究。动物的健康和生产性能与其饲料的营养成分密切相关。科学的饲料配方，可以为动物提供合适的营养物质，提高动物的生长速度和产品质量。

人类对于卫生且高质量的肉、蛋、奶有着巨大的需求，而要改善肉类食品的质量，首先就需要确保家畜"吃得好"。因此，我们需要学习有关动物营养与饲养、饲料资源开发、饲料配方和饲料工艺设计等方面的知识。通过大量的家畜养殖实验和畜禽养殖实践，我们可以深入了解不同家畜如兔子、马、牛、猪、鸡等的生理特点和生活习性，从而学习如何进行饲养管理，以提供一个良好的生活环境，进而获得高质量的肉、蛋、奶产品。

此外，我们还需要了解动物品种的质量，通过人工繁育来创造具有优良基因的后代。

除了养殖业，动物科学专业还涉及动物行为学的研究。动物的行为对其生产性能和生存环境有着重要影响。学生们将学习动物的行为规律、行为适应机

制等知识，了解动物在不同环境下的行为表现，并通过科学的方法，改善动物的生产环境，提高动物的生产性能。

在这个专业中，拥有吃苦耐劳的品质是非常重要的。家畜的饲养需要日常的耐心和细致的工作，需要不怕辛苦、坚持不懈地照顾家畜的生活需求。此外，还需要具备较强的动手能力，因为家畜养殖工作并不仅仅是理论知识的学习，更需要实际操作和实践经验。

二、动物医学——兽医

动物医学是兽医学院的主要专业之一，通常也被大家称作"兽医"。围绕这个专业，存在一些普遍的误解。有些人可能会认为，兽医专业毕业生大多成为宠物医生，每天与各种小动物相伴，负责诊断和治疗它们的疾病。但其实，做宠物医生不仅仅是治病那么简单。他们还得提供一系列的预防保健服务，比如给宠物打疫苗、做定期体检，有时还要提供营养和行为方面的建议，以确保宠物的整体健康。在社会这个大舞台上，这个专业中的一些人可能成为动物保护员，关注野生动物的保护和生态平衡，或者在动物园和自然保护区工作，致力于保育濒危物种；还有一些人可能从事动物实验研究，在新药的安全性测试或疾病模型的开发中扮演重要角色，为医学和生物学的突破提供重要的实验数据。此外，兽医专业毕业生可能成为动物营养师，专注于动物的饮食健康，为家畜或宠物喂养提供科学的饮食计划和营养咨询。

除了以上举例的工作，动物医学专业的毕业生还可以选择从事教育、政府部门等方面的工作。他们可以进行相关学科的教学和科普工作，增强社会的动物保护意识和认知；也可以参与动物疫病的防控工作，保障公共卫生安全。

动物医学专业的毕业生可以选择适合自己兴趣和发展的领域，为动物的健康和福祉做出贡献，也为人类社会的进步做出贡献。我们需要纠正对"兽医"的误解，认识到动物医学是一门充满挑战和机遇的专业。

在大学阶段，第一年的学习通常涉及高等数学、无机化学、有机化学等基础课程。除此之外，还会有基础解剖教学，帮助学生了解人体结构和器官的基本知识。这一年的学习主要是为了打下学科基础，为之后的专业学习奠定良好的基础。

第二年，学生将进一步学习病理解剖学、药理学等专业必修课程。病理解剖学研究疾病引起的器官和组织的变化，而药理学则研究药物对生物体的作用和效果。这些课程将使学生更深入地了解疾病的发生与发展，以及药物治疗的原理和方法。

进入第三年，学生将学习内科学、外科学和流行病学等专业课程。内科学研究内脏器官疾病的诊断和治疗，外科学研究外科手术技术和操作方法，而流行病学则研究疾病在人群中的分布和传播规律。这一年的专业课程将帮助学生更加全面地了解医学领域的各个方面。

到了第四年，学生的在校课程会大幅减少，开始校外实习。在校外实习期间，学生将有机会在医院或临床实践中应用所学的知识和技能，参与诊断与治疗过程，与患者进行互动。这一阶段是学生在实践中培养专业技能和职业素养的重要阶段，同时也是对之前学习成果的检验和巩固。

不同学校根据自身特色和教学理念，对课程的安排和规划各有差异。尽管如此，教师们始终扮演着指导者的角色，引导学生在医学领域的学习和成长。他们提供方向、指导和支持，帮助学生探索和锻炼自己。然而，最终选择哪条路，决定权在于学生自己。只有通过积极的实践、不懈的学习和个人的努力，学生们才能找到适合自己的医学发展道路，成为医学领域的优秀人才。

第三节
理论与实践

一、动物科学

接下来，为了让大家能够加强认知，我们将介绍动物科学专业中一些主要的课程内容。

动物科学

畜牧学

畜牧学是动物科学领域的核心课程之一，它专注于家畜的管理和养殖，包括牛、羊、猪和家禽等。在这门课程中，学生将深入学习家畜的生理和遗传学，理解这些因素如何影响动物的生长、繁殖和健康。除了理论知识，课程内容还涵盖了饲养管理、疾病预防和控制、繁殖技术以及产品质量管理等实用技能。这些知识和技能对于提高家畜生产效率和产品质量至关重要，尤其是在全球食品需求不断增长的当下。

动物科学

畜牧学

畜牧学的应用不仅局限于提高农业生产效率，它还与实现可持续农业实践和促进农村经济发展密切相关。例如，通过优化饲养管理和营养补给，可以显著提高奶牛的产奶量和奶品质。同时，通过定期疫苗接种和健康监测，可以有效预防和控制对牲畜健康和农业生产构成威胁的疾病，如口蹄疫。此外，畜牧学也强调动物福利和伦理，教授如何确保家畜的健康和福利，以实施更人道和负责任的动物管理实践。

进一步地，利用先进的遗传和繁殖技术，如选择性育种，可以培育出更高产、适应性更强的家畜品种，这对于适应不断变化的环境条件和市场需求至关重要。因此，畜牧学不仅对于希望从事农业和畜牧业的学生至关重要，也对整个社会的食品安全、环境保护和经济发展具有深远的影响。通过对这些课程的学习，学生们不仅能够获得丰富的理论知识，还能通过实践操作和现场实习等方式，运用这些知识应对真实世界中的问题和挑战。

家畜饲养学作为一门必修课程，为我们提供了丰富的知识和技能，让我们能够更好地管理和照顾家畜。在这门课程中，我们将学到如何为家畜提供适宜的饲料和理想的生活环境，以满足家畜的营养和生活习性需求。

动物科学

家畜饲养学

让我们来看看养猪。在学习家畜饲养学的过程中，我们将学习到养猪的不同阶段和需求。对于幼猪来说，我们需要提供高能量、易消化的饲料，以支持它们快速生长。而对于育肥猪来说，我们则需要提供富含蛋白质和低脂肪的饲料，以促进猪肉的生长和质量。

在家畜饲养学这门课程中，我们不仅学习如何照顾家畜，还深入探讨家畜繁殖的复杂过程。通过对家畜繁殖相关知识的学习，我们能够了解家畜的发情周期、受孕过程等关键信息，从而有效地进行人工授精和控制繁殖计划。这对于提高家畜品种的质量和繁殖效率至关重要。

幼猪　　　　　　育肥猪

高能量　　易消化　　富含蛋白质　　低脂肪

动物科学

免疫学

免疫学课程为我们揭开了家畜免疫系统的神秘面纱。在养殖过程中，家畜常受到各类疾病的威胁，如猪瘟、禽流感等。通过学习免疫学，我们可以掌握如何使用不同的疫苗来预防这些疾病，了解疫苗接种的最佳时机，以及在疫情暴发时的应急处理方法。这些知识对于保障家畜健康和防止疫情蔓延至关重要。

以养殖家禽为例，我们通过学习免疫学，能够根据家禽的免疫系统特性来制定科学的疫苗接种计划。这不仅有助于预防禽流感等传染病，还能减少经济损失。此外，我们还将了解家畜在面对疾病时免疫系统的响应机制，从而更有效地预防和控制疫情的发生。

通过对这些课程的学习，我们不仅能更深入地了解家畜的生理需求和行为习性，为家畜提供更适宜的饲养环境和营养饲料；同时，我们也能够有效地预防疾病的发生，控制疫情的蔓延。这些知识和技能对于提升家畜的生产效益、维护家畜健康以及推动农业持续发展具有重要意义。

二、动物医学

让我们先来看看动物医学专业中的一些常见课程。这些课程是成为一名优秀兽医所需的基础，不仅涵盖了理论知识，还包括了实践技能。接下来，将为大家一一介绍这些课程，帮助大家更好地理解动物医学专业的学习内容。虽然这只是专业的一部分，但足以让大家对成为一名"动物的私人医生"有个初步的了解。

动物医学

动物组织解剖学

动物组织解剖学是一门专注于研究动物各个组织器官系统的课程，在课程中，学生们将学习到动物细胞的组成和结构、不同组织的分类与特点，以及各个器官系统的组成和功能等方面的知识。

课程的一大亮点是实践，通过实验，学生们能够直接观察并操作动物组织，以深入了解其结构和功能。下面我们将介绍一些与实验相关的内容。

首先是动物解剖实验，这是每一位未来科学家必须经历的基本训练。在这里，学生们将化身解剖学家，使用手中的解剖工具，如解剖刀和手术钳，逐层揭开动物体内的秘密。从肌肉的纤维到心脏的跳动，从神经的细丝到血管的网络，一切都将在他们的眼前展现。这个过程不仅锻炼了学生的实验技能，也加深了他们对生物复杂性的认识。

其次是组织切片实验，通过组织切片，学生们可以观察细胞和组织的结构，了解其微观特征和功能。在这个过程中，不仅要学会怎样精准地"切割"生命的薄片，还要学会如何"阅读"细胞内的语言，这对任何希望深入生物学和医学的研究者来说都是至关重要的技能。

除了以上实验，学生们还会进行其他实践活动，如动物骨骼标本的制作和观察、动物器官的模型制作等。这些实践活动旨在增强学生们的动手实践能力和科学探究能力，帮助他们更好地理解和应用所学的动物组织解剖学知识。

动 物 医 学

动物生理学

动物生理学是一门研究生物体与环境之间物质和能量交换的学科，它关注生命体如何通过新陈代谢不断更新自身。新陈代谢是生命体进行的过程，也是生命进行的指标。因此，生理学成为生物学和医学中最重要的学科之一。大家都知道，诺贝尔奖包含了多个学科的奖项，诺贝尔生理学或医学奖就是其中之一。这个奖项的命名体现了生理学的重要性，动物生理学的重要性在诺贝尔生理学或医学奖的历史中也得到了反复的证明。

通过研究动物的呼吸系统，我们可以了解动物如何通过呼吸将氧气吸入体内，与食物中的营养物质反应产生能量，并释放二氧化碳等废物。例如，在实验室中可以利用测量动物新陈代谢的仪器检测小鼠呼吸气体中的氧气和二氧化碳浓度的变化，进而推断小鼠的呼吸代谢状态，了解其能量消耗和健康状况。

通过研究动物的消化系统，可以深入了解食物的消化吸收过程。例如，通过对小鼠进行胃肠道实验，可以观察到食物在胃中的粉碎、在肠道中的吸收和营养物质的转运等过程。这些实验可以帮助我们了解动物体内消化酶的特性和功能，以及食物消化和营养吸收对生物体健康的重要性。

研究动物的循环系统是理解血液循环和气体交换机制的重要途径。通过对动物心率、血压和血液流量等指标的实验观察和测量，我们可以获得关于心脏工作原理和循环系统功能的深刻洞察。以研究兔子心脏为例。科学家们通过对兔子心脏的观察，可以了解心脏瓣膜的功能和心脏节律的调控。在实验中，通过测量兔子在不同条件下的心率和血压，科学家们可以分析心脏对压力变化的反应。例如，在运动或应激时，兔子的心率和血压会上升，这有助于科学家们理解心脏如何在不同生理状态下调节血液流动。

研究动物的神经系统可以揭示神经信号传递和神经调节的机制。实验可以通过电生理技术记录神经元的电活动，了解神经元的兴奋性和抑制性。例如，对小鼠进行光遗传学实验，可以使用光敏蛋白操纵神经元的活动，进而研究其对行为和生理过程的影响。

研究动物的代谢调节可以帮助我们了解能量平衡和体重调控的机制。实验可以通过测量动物的能量摄入和消耗来研究代谢率的变化。例如，利用小鼠进行能量平衡实验，可以控制其摄入的食物量和运动量，进而研究不同因素对代谢率和体重的影响。

动物医学

动物生物化学

在动物生物化学课程中，我们将进行一系列与动物生命活动相关的实验，以深入了解蛋白质、核酸和糖类等生命活动必要物质的结构功能及其在动物体内的发展变化。

在关于蛋白质的结构与功能的研究实验中，我们会通过分离、纯化和鉴定蛋白质的方法，了解蛋白质的多样性和功能。例如，学生通过分离和纯化血红蛋白，可以学习到血红蛋白在运送氧气到人体各部分的过程中起到的作用。这种研究与日常生活息息相关，因为血红蛋白的功能异常可能导致多种健康问题，如贫血等。蛋白质热变性试验则可以用于诊断血红蛋白的不稳定性，这在某些贫血症的诊断中非常重要。

在关于核酸的结构与功能的研究实验中，我们将学习 DNA 和 RNA 的结构和功能，并探索它们在遗传信息传递和调控过程中的作用。将学习 DNA 的提取和纯化技术，并通过 PCR 技术扩增特定的 DNA 序列。这些技术在法医科学中尤为重要，例如用于犯罪现场的 DNA 分析。此外，PCR 技术在疾病诊断中也起着关键作用，比如病毒的检测就广泛应用了这项技术。学生通过学习 PCR 技

术，不仅能够了解其在科学研究中的应用，还能理解其在现实生活中的实际意义。

此外，糖类的结构与功能研究也是动物生物化学课程的重要内容之一。学习不同类型的糖类的结构和功能，以及它们在动物体内代谢过程中的作用。一个相关的实验是糖类的定性与定量分析。学生将学习如何使用化学试剂和仪器来检测和测定不同类型的糖类，分析食物中的含糖量，比如分析果汁中的葡萄糖和果糖含量。通过这样的实验，学生们可以进一步了解糖类的结构和功能，以及与其相关的健康问题，如糖尿病和肥胖，更好地理解饮食与健康之间的关系。

这三门课程以及其他的一些基础科目，其大体的思路就是告诉大家正常的动物是什么样的，又是在什么样的情况下保持健康正常的状态的。

这个阶段大家需要学习的课程非常多，为了方便大家理解，我们可以将动物医学学习的重要知识点进一步归纳成以下几点：

1. 问题的预防

学会了解和掌握动物在正常健康状态下的表现和需求，以及提供适当的饮食、环境和保健措施，以预防问题的发生。举例来说，如果知道猫咪对于均衡饮食的需求，可以提供适当的猫粮和食物，防止营养不良或肥胖等问题的发生。

2. 问题的产生条件

学习了解动物生理、环境和行为等方面的知识，知道在哪些条件下问题会发生、如何检测问题的早期迹象。例如，了解到某一种动物在潮湿环境下容易患上真菌感染，可以提前采取措施调节环境湿度，预防疾病的发生。

3. 问题的表现和影响

学会观察动物的行为和身体状况，了解不同问题的症状和对动物的影响，有助于及早发现和处理问题。举个例子，如果发现狗突然食欲不振、呕吐和腹泻，可能是因为食物中毒，可以及时就医并更换优质食物，以保证动物的健康。

4. 问题的控制

学习了解和实施适当的预防措施、治疗方法和管理方法，以减轻问题的影响和控制问题的发展。比如，在动物养殖过程中，掌握适当的疫苗接种和药物治疗方法，可以有效预防和控制疾病的传播。

5. 问题的止损

学习如何及时干预和处理问题，以减少伤害和损失，保护动物的健康和生命安全。例如，如果动物出现严重外伤，学会进行急救处理并及时送往兽医院，可以最大程度地减少伤害。

以上就是动物医学学习中的重要内容方向。通过学习和掌握这些知识，可以更好地保护和保障动物的健康和福利。课程的学习可能会令人感觉枯燥，但实验操作可以带来更多乐趣和实践经验。我们可以进行一项实验，观察不同饲料对小白鼠生长的影响。我们可以设置几组小白鼠，每组喂食不同配方的饲料，然后记录它们成长的速度和健康状况。通过这个实验，我们可以了解到不同饲料对小白鼠生长的影响，并根据实验结果来选择最合适的饲料，以保证小白鼠的健康成长。

总结来说，学习这些科目可以让我们了解正常动物的特征和令其保持健康的条件。而后续的微生物学、寄生虫学、流行病学等科目则帮助我们了解动物疾病的发生原因和解决方法。通过学习这些知识，可以更好地理解动物疾病的病因，从而提供解决问题的途径。

三、实践操作

外行的你，想必觉得实验室的世界既神秘又迷人，那么如何才能一窥实验的辛苦与乐趣？现在，让我们一起读读实验员小南的日记，跟随他的笔触进入实验日常生活。

2021 年 5 月 4 日　晴　下午

今天终于迎来了我第一次订购的小鼠，它们是一群可爱的小家伙。听说小鼠都有些暴躁，尽管它们"凶"名在外，但我还是非常高兴见到它们！我知道作为一个新手饲养员，我在这方面显然是缺乏经验的。

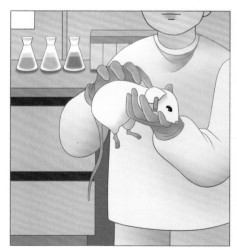

为了避免损害小动物的健康，同时不影响观察指标并防止被动物抓伤，我必须学会合理的抓取和固定方法，这在专业术语中被称为"保定"。所以，我抓住小鼠的后颈皮和肌肉，并顺着脊椎往前推，好让我能够固定住它的头部，这样小鼠就无法转头了。

随后，我开始给每只小鼠编号。我采用了打耳标的方法，因为小鼠的耳朵血管较少，所以在这里做标记既易于观察，又对小鼠伤害较小（当然还有其他的标记方法，比如给小鼠剪趾等）。标记这一步非常重要，因为同一个品系的小鼠长相简直就是一模一样，只能靠标记来区分它们。

然而，非常遗憾的是今天打耳标并不顺利。我一捏住它的后颈皮，它就开始使劲挣扎，甚至在我将它从饲养笼中提出来时都跑得飞快。我的手没有碰到它尾巴的时候，就已经"蹦"到笼子的另一头了。最后有两只小鼠实在太顽劣，不停地动脑袋，所以耳标打歪了。但幸运的是，我还是成功地给所有小鼠完成编号了，之后我就能够认出每只小鼠了！

在这个过程中，我深刻地体会到了做动物实验的责任和挑战。小鼠们的个性和特点让我更加珍惜这次实验的机会。我要更加努力地学习，不断提高自己的技能，以确保小鼠们能够在良好的环境中健康成长。

明天，我将开始进行实验，记录下每只小鼠的行为和反应。希望这次实验能够顺利进行，为今后的研究打下坚实的基础。

科普小提示

小鼠编号

为了观察每个实验动物的反应情况，必须对实验动物进行编号、标记。因为一个实验中的动物品系一样、生物学特征基本无差异，不进行标号就没法识别，实验也就无从进行。标记的方法很多，良好的标记方法应保证号码清楚、简便易认和耐久使用。应使用对动物无毒性、操作简单且长时间可识别的方法。

2021 年 5 月 10 日　晴　晚

小鼠今天要上实验台，为了尽可能地减轻它们在实验过程中受到的痛苦以及确保实验的顺利进行，我将对它们进行麻醉。

这个环节非常重要，麻醉的目的是让小鼠在全身或局部失去痛觉或痛觉迟钝，从而减少它们的挣扎，让它们保持安静。打开麻醉机，可以看见一个密封的小盒子，里面装着具有麻醉作用的药物，机器会将这些液体变成气体导入麻醉箱，让进入麻醉箱的小鼠吸入，从而达到麻醉的效果。

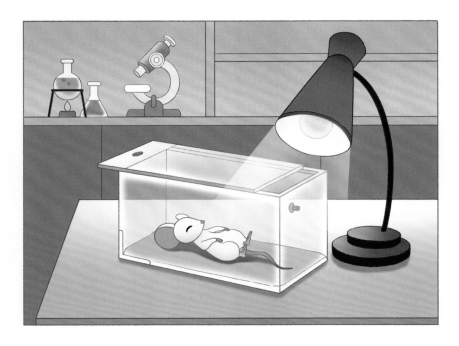

将小鼠放入麻醉箱里，短暂的时间过后，我能看到平时活泼的它们，就像喝醉酒一样东倒西歪地躺在那里。别看这一系列的操作这么简单，但其中需要注意的细节非常多。例如，麻醉过程中需要特别注意给小鼠提供保温措施，因为动物在麻醉期间非常容易降低体温，加上手术过程中的失血，对小鼠的生存率有着很大的影响。因此，必须特别关注小鼠的体温，并在必要时使用暖光灯来帮助它们保持体温。

除了吸入式麻醉，其他常见的方法还有注射麻醉，在实际注射操作中也会遇到很多问题。

在麻醉过程中，小鼠可能会突然死亡；实验尚未结束时，小鼠有可能会开始苏醒。这不仅影响了实验进展，也给动物带来了极大的痛苦。经过反复思考和查阅资料，我发现这与我们选择的麻醉剂和给药剂量有很大关系。为了解决这个问题，我们在实验中应该密切关注动物的状况，在动物有苏醒的迹象时，及时将麻醉面罩放在小鼠的口鼻处，辅助其吸入麻醉剂，或者适当补充注射麻醉剂。需要注意，每次补充的剂量应为注射总量的 20％ 到 25％。过少的麻醉剂会使小鼠苏醒过早，而过量的麻醉剂则会对小鼠的健康造成损害，甚至导致其死亡。

在实验过程中，还要时刻保持警惕，防止意外发生。比如，小鼠可能会自己从麻醉盒子中跳出来，麻醉气体也可能出现泄漏。只有确保麻醉盒子密封良好并随时检查气体供应系统，才能确保麻醉过程的安全性。

作为实验员，我的责任是尽力减轻小鼠在实验过程中受到的痛苦，确保实验的顺利进行。通过认真选择和给予适量的麻醉剂，监测小鼠的生理指标以及时采取必要的保温和安全措施，努力保证每只小鼠都能在实验中得到最好的照顾，是一项艰巨而又有意义的工作。我愿意为科学的发展付出努力！

2021 年 6 月 12 日　小雨　下午

今天是一个值得纪念的日子，我的实验小鼠已经度过了 21 天的哺乳期，进入了独立生活的时期。作为一名负责任的实验员，我开始考虑它们的"分家大事"——分笼。诚然，小鼠要离开它们熟悉的环境多少会有些彷徨，但我会尽可能地安抚好它们的情绪。

将它们原本居住笼盒的垫料取出一部分放到新笼盒中，这样小鼠仍然可以嗅到熟悉的气味，会让它感到安心。就这样，我将新的小鼠转运到另一个实验基地。

然而，抵达新家的它们似乎过得并不顺利。

下午的时候我发现在新笼盒的小鼠"三兄弟"竟然开始了激烈的打斗！要知道，这三只鼠刚经历了运输路上的颠簸，竟然还能精力充沛地打架。其中原因还需要进一步探究，但目前只能让它们单独居住了。

我审视起实验环境，发现问题在于动物被频繁地打扰。实验小鼠被装箱运输后，可能会暴躁焦虑，在精疲力尽的状态下又到了陌生环境，难免导致紧张情绪的积累，根本无法和平相处。我为自己的疏忽深感愧疚，虽然这是实验环境造成的结果，但我也有责任。

我注意到小鼠们在打斗时争夺地盘，于是我增加了散布在笼盒内的玩具，让每只小鼠都能有自己的领地，减少争斗的可能性。重新安置好小鼠们后，我按照一定的时间表进行观察。经过一段时间的调整，我看到它们并没有再表现出继续争斗的迹象，而是好奇地嗅着彼此的气味，以确定对方是不是同类。这让我深感欣慰，我的努力没有白费。

通过观察和记录，我可以及时发现问题，并采取相应的措施。这个过程需要耐心和细心，但也能让我更了解小鼠们的行为习性。

这次经历让我意识到，在为实验做准备的过程中，我们必须十分细心和周详，确保小鼠们的健康和安全。只有这样，我们才能获得准确的实验数据，提高研究的可信度。作为实验员，我将一直致力于为小鼠们提供最好的生活环境，保护它们的健康和福祉。

科普小提示

实验小鼠分笼

　　首先，分笼有助于确保实验动物得到适当的照顾，减少不必要的痛苦和压力。而且小鼠具有较强的领土性，特别是成年雄性之间容易发生争斗，分笼可以有效避免领土和社会性冲突，减少其受伤的可能。

　　其次，分笼有助于控制繁殖，避免不必要的交配和繁殖，这对于维持精确的遗传背景和实验设计非常重要。

2021 年 6 月 15 日　多云　下午

　　今天做实验请教了一下师兄要如何解决好鼠鼠的繁育大事。不得不说这里面门道还很多。

　　首先，小鼠是很敏感的小动物，在繁殖饲养的过程中应该尽量减少噪声。当然，饲养间里每天都有很多实验员进进出出，那么只能尽量选择将小鼠放在远离动物房入口或者窗口的位置，从而减少动物被打扰的概率。

　　其次，作为一个合格的动物饲养员，在小鼠怀孕期间其实也最好不要频繁地打扰孕鼠。对于第一次管理小鼠繁育大事的我来说，知道小鼠成功怀孕，我非常激动，每天都想去看看鼠鼠有没有出生，但实际上这样频繁的关心也许会在无形中给孕鼠造成压力。所以得知小鼠怀孕后，一定要按捺住激动的心。

　　最后也是最重要的一点。听起来或许有些残忍，但事实确实如此：母鼠会有"食仔"的可能。造成这种情况的因素有很多，例如小鼠的居住环境不佳、饮食缺乏营养、母性差等。但在一般情况下，鼠妈妈是不会吃小鼠的，尤其是不会吃健康的小鼠。归根结底，这都是为了种族的生存和繁衍。我们要尽量给小鼠提供良好的环境与饮食，采取相应的措施来减少这一类惨案的发生。

　　我还和师兄聊了一下未来的计划，感觉自己要学的东西还有很多啊。

书山有路勤为径，学海无涯苦作舟，我希望自己所学能够有用。加油吧！

2021 年 6 月 27 日　晴　上午

最近练习了腹腔注射和尾静脉注射。

先说腹腔注射吧，这种注射给药方式适合刺激性小的水溶性药物，药物最后可以通过静脉进入血液循环。

实施步骤其实非常简单，就三步：一抓小鼠、二注射、三拔针。抓小鼠我已经熟练了，但对于注射还是有些手生。要知道小鼠的腹部也集结着许多脏器，若是没有扎对地方就注射药物，且不论浪费药物导致实验延误，就连鼠鼠也有可能一命呜呼。

一般来说，我们左手抓鼠，右手注射，此时要让小鼠的头部呈低位，这样脏器一定程度也可以移到低位，从而避免扎伤。然后找准位置缓慢进针，此时注意感受针头，会有一种"落空感"，同时动物的局部皮肤会凹陷。

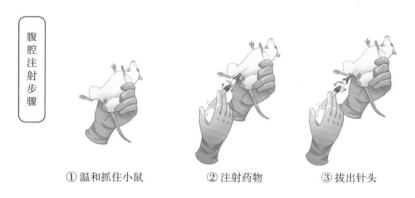

腹腔注射步骤

①温和抓住小鼠　　②注射药物　　③拔出针头

拔针的时候有一个小技巧，可以稍微地旋转针头再缓缓地拔出，这是为了防止注射的液体漏出。原理其实就是利用针头旋转的摩擦力，让针头在小鼠的皮肤、筋膜、腹膜上留下的通道变窄，从而使注射进入的液体不容易漏出。

当然别忘了要先消毒。在实验前必须准备好酒精棉球，鼠鼠们排队等着腹腔注射，千万不能忘记在注射前也需要在注射位置给小鼠消毒哦。

尾静脉注射也是一种注射药物的方法，主要用于小动物的治疗。在进行尾静脉注射前，需要做好充分的准备工作，包括准备好所需药物、注射器、消毒酒精和棉签等。

在进行尾静脉注射前，需要确保动物处于安静状态，并且尾部没有任何异常病变或伤口。如果尾部有异常情况，应选择其他适合的注射方式。注射时第一步仍然先用消毒酒精擦拭尾部皮肤，保持清洁。然后用手指轻轻压住尾部静脉使其充血，让血管充分暴露出来，这样可以提高进针准确率，也能避免对动物造成不必要的伤害。

需要注意，在注射药物时，注射器要缓慢、稳定地推进，以确保药物均匀分布。注意不要注射过快或过多的药物，这样对动物会造成不良反应。注射完成后小心地将注射器取出，并用棉签轻轻按住注射部位，以防止药物外溢。

此时，要观察动物的反应，确保其注射后无异常情况。注射完成后，也要及时清理注射器和其他使用过的工具，并做好垃圾分类和消毒工作，保持卫生与安全。

关于尾静脉注射，今天下午练习了两个小时，但是成功打进的次数仍然不多，还要继续努力！

2021 年 6 月 29 日　晴　下午

经过高手师兄的指点，我使用了小鼠固定器进行辅助，使它的尾巴拉直，这样小鼠就能不随意动作。在小鼠尾骨的两侧能清晰看见两条静脉，确定静脉的位置，将想要注射的鼠尾用左手紧紧压在桌面上，右手进针时针头与桌面平行，针尖稍稍朝下，一旦进入，将针头稍稍上挑，针头沿血管进入，肉眼可观察到针头前进。

如果针头在血管中前进，可明显地感觉到针行通畅，毫无阻力。如果针头不在血管中，能够感觉到注射针有明显的阻力。这个时候进针时不要太深，针头进入小鼠皮肤后马上把针头略往上挑，平行进针，针

尾静脉注射

扎入时感觉到有落空感，或者推液时无阻力则说明成功了。如果感觉推注射器阻力较大，甚至注射处渗出注射液体，那就说明针不在静脉内，需要重新调整注射。

这次的操作让我更加对为实验献身的动物们心怀感激，好好巩固实验操作才能让小鼠们少受痛苦！

2022 年 7 月 18 日　晴　上午

时间的流逝总是令人深深地感慨，尤其在告别的时刻。我还记得第一次踏进实验室的情景，仿佛就发生在昨天。实验室内忙碌的氛围中，师兄们都在专注地进行着自己的实验项目。对于初来乍到的我，一切都显得那么陌生，我甚至不知道该从何做起。

就在我感到有些迷茫的时候，我的师兄走了过来。他身着白色的实验大褂，眼神中透露出自信和坚定。他的出现带来了一种严肃而专业的气氛。谈及实验时，师兄总是滔滔不绝，他对生命科学的热爱就像一个孩子般纯粹，怀揣着为人类健康做出贡献的崇高理想。

在他身上，我总能看到那种既脚踏实地又仰望星空的精神。

师兄在这段时间里一直是我前进的榜样和指引。他不仅教会了我许多实验技巧，更重要的是传递给我对科学研究的热爱。在他的日常实验中，我能明显感受到他对科学事业的严谨和专注。每当开始一项新的实验时，他总会仔细阅读实验设计，确保每一个细节都得到充分的考虑。他会仔细研究实验动物的品种、年龄、体重等，以确保实验结果的可靠性和准确性。

　　有一次，我们进行了一项关于药物代谢的实验。在实验过程中，我疏忽了药物的存储条件，导致实验结果出现了不可预料的误差。师兄并没有责怪我，他耐心地与我讲解了药物的特性以及正确的存储方法。他的细致和耐心让我深感敬佩，也让我明白科研的道路上不能有丝毫的马虎和松懈。

　　在照顾实验动物方面，师兄展现出了敬重和关怀。他教会了我如何正确地抓鼠、标记小鼠以及剃毛等，同时也教导我对待实验动物要有尊重和关爱的态度。

　　在一次给实验动物注射的过程中，为了尽量减轻它们的痛苦和不适，师兄选择了一种更加柔和的注射技巧。他细心、温柔的操作尽可能地减少了动物的恐惧感。他向我解释，作为科研中的重要伙伴，我们应当对实验动物负责任，避免在研究中对它们造成不必要的伤害。师兄对实验动物的这种无声的关怀，不仅是对它们的一种尊重，也让我深刻地意识到科研的真正目的是造福人类，而非滥用动物进行实验。

　　如今，师兄即将毕业，我也即将面临毕业的挑战。虽然前路未知，但我决心保持好自己的初心，努力巩固自己的专业知识和技能。师兄告诉我，毕业并不意味着结束，而是一个新的开始。我要对科学研究怀着热情和敬畏的心态，继续探索和追求更深层次的知识。

师兄：

感谢你这些年的指导和教诲。你是我科研道路上的重要导师，也是我永远的榜样。

即使我们即将分别在各自的道路上前行，我相信我们也会继续坚持初心，为科学的发展做出自己的贡献。祝福师兄在未来的道路上一帆风顺，成就辉煌！

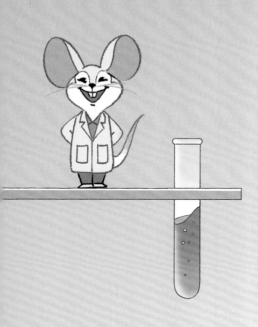

第四章
实验动物中心之旅

风起于青萍之末，浪成于微澜之间。

第一节
实验动物中心

2023 年新发布的国家标准《实验动物环境及设施》(GB 14925—2023),将实验动物设施定义为"用于实验动物培育、生产、饲养、实验及应用的建筑物和设备的总和"。大到整个实验动物中心,小至一个动物实验室,其实都属于实验动物设施。

实验动物中心是专门为生命科学研究提供实验动物和相关服务的机构,提供动物饲养、管理、实验设计、数据分析等服务。作为科研服务平台,上级管理部门会任命成立"实验动物使用与管理委员会"(IACUC),负责实验动物福利和伦理的审查与监督,从动物伦理和动物福利两个方面保证了实验动物的质量和动物实验的可靠性。

中心的运行管理严格执行规章制度,人员构成包括中心负责人、设备安全负责人、兽医、实验动物饲养人员以及实验技术人员等。实验动物中心负责人主要负责中心整体发展规划,在各项事务中承担指导与统筹工作;设备安全负责人主要为各类大型仪器设备设施的维护提供技术保障;兽医主要负责对实验动物的健康监测,疾病预防、诊断和治疗工作;实验动物饲养人员承担实验动物的饲养与笼位管理工作;实验技术人员根据实验课题进行科学研究,探索各种实验方法和技术,承担动物实验。

科普小提示

动物实验

动物实验是指为了获得有关生物学、医学等方面的新知识,或为了解决具体问题而使用实验动物进行的科学研究。例如,在实验中科学家会选择一个合适的动物物种(如小鼠、大鼠、猪等),并通过各种手段(如基因编辑、药物注射等)来诱发某种特定的疾病状态。通过在动物身上模拟人类疾病,科学家可以观察和分析疾病的症状、病理变化,以及动物对特定治疗方法的反应。

第二节
饲养管理

一、小鼠饲养

1. 小鼠的品系

（1）封闭群小鼠

在封闭群小鼠的世界中，昆明小鼠（KM）和 ICR 小鼠这两种品种独树一帜。

昆明小鼠，源自 1928 年美国洛克菲勒（Rockefeller）研究所培育的瑞士（Swiss）白化小鼠。1946 年，它们跨海抵达云南昆明，从此以此地命名，成为昆明种。这些小鼠具备令人惊叹的适应性和旺盛的生命力，能够高效地繁殖和养育后代。无论是药理学、毒理学还是微生物学，昆明小鼠都扮演着不可或缺的角色。

ICR 小鼠，一种来自瑞士的封闭群小鼠，由豪施卡（Hauschka）用 Swiss 小鼠群以多产为目标选育而来，之后由美国癌症研究所（Institute of Cancer Research）分送各国饲养实验，于是人们称其为 ICR 小鼠。1973 年，ICR 小鼠从日本国立肿瘤研究所漂洋过海来到我国，以其强健的体质、迅猛的生长态势和卓越的生育能力著称。在药理学、毒理学、肿瘤学、放射性研究、食品科学、生物制品开发以及教学实验等多个领域，ICR 小鼠展示了它们的重要价值，成为科研和教学的重要伙伴。

（2）近交系小鼠

BALB/C 小鼠，它的历史始于 1913 年，从白化小鼠开始，通过多代近亲繁殖，形成了如今的品系。BALB/C 小鼠在其一生中，乳腺癌发病率相对较低，但随着年龄的增长，它们更容易患上肺癌和肾癌。这些小鼠还拥有较长的寿命，并且对于动脉硬化表现出较强的抵抗力，这使其成为心血管研究中的理

科普小提示

实验动物品系

　　实验动物的品系指的是具有特定遗传背景的实验动物群体。品系是通过多代交配和选择培育出的具有特定遗传特征的个体，可以满足科学研究的需要。在实验室研究中，使用品系动物可以降低实验误差并提高结果的可重复性。通过选取具有特定性状的个体进行繁殖，可以确保后代也具有相同的性状，并且在研究中可以更好地控制环境因素的干扰。

想模型。BALB/C 小鼠的不同亚系在行为上表现出显著差异，如攻击性程度不一，少数亚系出现了真雌雄同体现象。这种小鼠因其独特的生物学特性，成为癌症和免疫学研究的重要工具。特别是在注射矿物油后，它们能产生浆细胞瘤，这对于单克隆抗体的生产至关重要。

　　C57BL/6J 小鼠，1921 年由科学家利特尔（C. C. Little）和莱思罗普（A. Lathrop）培育出来，是第二种完成全基因组测序的哺乳动物，对于遗传学研究具有重要意义。这种小鼠对疼痛和寒冷特别敏感，对镇痛药的反应不如其他品系明显。它们还表现出对酒精的高度偏好，对吗啡成瘾，动脉粥样硬化的易感性较高。C57BL/6J 小鼠对噪声和气味非常敏感，并表现出独特的剃毛行为，即笼内的主导小鼠会移除其他小鼠身上的毛发。由于 C57BL/6J 小鼠具有深色的皮毛，它们在创建转基因小鼠时尤为有用，特别是与浅色毛皮的品系杂交时，杂交结果更易于识别。

　　2. 小鼠在实验中的应用

　　早在 17 世纪就有人用小鼠做实验，小鼠现已成为使用量最大、研究最详尽的哺乳类实验动物。

让我们一起来看看吧！

　　在哺乳类实验动物中，由于小鼠体小、饲养管理方便、易于控制、生产繁殖快、研究最深、有明确的质量控制标准，且拥有大量的近交系、突变系和封闭群，因此在各种实验研究中，用途最多，用量也最大。

那么小鼠在实验中的应用有什么呢？我们来看一些例子。

基因编辑小鼠，通过将外来 DNA 插入受精鼠卵的核中，使新 DNA 成为小鼠细胞和组织的一部分，广泛用于疾病研究。例如，科学家可以在小鼠基因组中插入特定的人类疾病基因，模拟人类疾病的发展和治疗。

突变小鼠，通过将特定的突变引入胚胎干细胞的基因，产生靶向突变。这些小鼠被用于研究特定基因的功能，以及这些基因在疾病发生时扮演的角色。

肥胖小鼠，因基因突变而不能产生控制食欲的蛋白质——瘦素，因此食欲不受控制，变得极度肥胖。肥胖小鼠被用作研究 II 型糖尿病，有助于人们理解糖尿病的发病机制和寻找治疗方法。

基因编辑小鼠　　　突变小鼠　　　肥胖小鼠

裸鼠　　　癌症小鼠　　　荧光小鼠

裸鼠，因基因突变而没有胸腺，无法产生成熟的 T 淋巴细胞，从而产生免疫缺陷。裸鼠在免疫系统疾病、白血病、实体瘤、艾滋病等免疫缺陷病的研究中非常有价值，也可以接受多种组织和肿瘤移植。

癌症小鼠，通过引入与人类癌症相关的基因，易于发展肿瘤。癌症小鼠能够帮助研究人员深入了解肿瘤生物学，从而增加人们对癌症的形成和发展的认识。

荧光小鼠，其基因组中被加入源自水母的绿色荧光蛋白（GFP）基因，能够在黑暗中发光。这些荧光标记帮助研究人员在空间和时间上追踪特定的分子和细胞。荧光小鼠因目标可视，常被用于超分辨率成像或器官移植实验。

从这些例子中，可以看出小鼠在动物实验中应用的广泛性。小鼠在科学研究中扮演着多种角色，从基因编辑小鼠用于疾病研究，到突变小鼠揭示特定基因的功能，再到肥胖小鼠模拟Ⅱ型糖尿病的机制，从在免疫系统研究中起到至关重要作用的裸鼠，到帮助人们了解肿瘤生物学的癌症小鼠，再到革新了细胞生物学成像技术的荧光小鼠。这些小鼠的多样化应用展示了它们在模拟人类疾病、探索治疗方法和研究基础生物学过程中的独特价值。

3. 特别的大餐——全价饲料

科普小提示

全价饲料

全价饲料是一种综合动物饲料，它包含了动物所需要的各种营养成分，可以满足它们的生长、发育和健康所需。全价饲料通常由多种原料混合而成，如谷物、豆类、蛋白质、维生素、矿物质等，经过科学配比和加工制作而成。使用全价饲料的目的是提供充足的能量、蛋白质、维生素和矿物质等必需的养分，以满足动物的生理需求，促进动物健康生长。

需要注意的是，不同种类的动物、不同生长阶段的动物、不同用途的动物，所需的全价饲料配方也会有所不同。

工作人员根据小鼠的年龄和实验目的，调配了不同成分和比例的饲料，确保每一只小鼠都能吃到最适合自己的营养大餐，保证它们的健康需求都能得到满足。

吃这份特别定制的全价饲料，对实验小鼠们来说可是非常重要的。有些小鼠还是调皮的幼仔，它们需要更多的营养来成长；有些小鼠已经是"青少年鼠"了，它们需要保持健康的生理状态；也有一些小鼠成年了，它们需要特别的营养进行繁殖。

同理，对于其他的实验动物也是一样的。针对不同的需求开发出不同的全价饲料，可以保证实验动物能够从中获得足够的营养，让它们保持健康，让实验结果更加准确可靠。

4. 干燥蓬松的"窝"——垫料

保持实验动物的健康极为重要，而实验动物垫料在此扮演着关键角色。垫料专为满足动物的日常需求而设计，由各式材料制成，如木屑、纸质材料和玉米芯等。这些材料为实验动物提供了一个"家"，不仅使它们感到舒适，还能提供一定的保暖效果：木质垫料仿佛柔软的"床铺"，纤维纸垫料像是动物的"床垫"，压缩刨花垫料像是"吸水海绵"，而玉米芯垫料则是"吸湿高手"。实验动物垫料具备吸附排泄物和异味的功能，对于维持动物的舒适度和其生存环境的卫生至关重要。及时吸收排泄物，可降低细菌滋生的可能，保持饲养环境的清洁，维护动物的"绿色家园"。

除了提供舒适环境，实验动物垫料还能满足动物的行为习惯。例如，小鼠天生喜欢挖洞和筑巢，垫料为它们提供了理想的环境，允许它们发挥天性，增强活力。

5. 喝水我只喝——纯净水

实验动物每天忙忙碌碌，参与着各种各样的实验，辛苦工作的它们自然享受着最好的待遇。实验动物喝的水经过实验室里科学家们的精心处理和净化，纯净而安全。

饮用水的微生物指标应符合国家相关标准，不得含有对实验动物有害的细菌，一般要求细菌总数低于一定限值、大肠杆菌等致病菌不得检出；pH 值应在适宜范围内（一般来说值不得低于 7.0），保证水的酸碱度不会对实验动物的生理功能造成干扰。

二、大鼠饲养

1. 大鼠的品系

（1）SD 大鼠

SD 大鼠以生长迅速、繁殖能力强且存活率高而闻名。正因如此，众多学者倾向于选择 SD 大鼠进行安全性试验和与营养以及生长发育有关的研究。SD 大鼠对性激素敏感，对呼吸道疾病具有较强的抵抗力，因此在药理、毒理、药效实验中得到了广泛的应用。它们为人类科学研究做出了巨大贡献，值得被珍视与爱护。

（2）Wistar 大鼠

Wistar 大鼠来自美国费城的威斯塔（Wistar）研究所。这种大鼠的头部异常硕大，与漫画中的"大头儿子"颇有几分相似，不过其耳朵更为修长。除了头部发育迅速外，Wistar 大鼠的身体也成长迅速，且乳腺癌发病率极低，对传染病具有较强的抵抗能力。尽管拥有强健的体魄，Wistar 大鼠的性情却十分温和，深受饲养员的喜爱，常被称赞乖巧可爱。

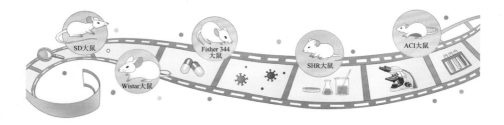

（3）Fisher 344 大鼠

Fisher 344 大鼠也称为 F344 大鼠，于 1920 年在哥伦比亚大学肿瘤研究所诞生，随后，Fisher 344 大鼠从美国国立卫生院传入中国。它们运动能力较弱，血清中胰岛素含量较低，同时也存在原发和继发性脾红细胞免疫反应性降低的情况。不过，其乳腺癌、脑垂体腺瘤、甲状腺瘤以及睾丸间质细胞瘤的发病率却相对较高。由于体质较弱，Fisher 344 大鼠主要被用于毒理学、肿瘤学以及生理学等领域的研究。

（4）SHR 大鼠

SHR 大鼠，即自发性高血压大鼠，于 1963 年在日本京都大学医学部实验室诞生。SHR 大鼠是一种由 Wistar 大鼠选育而成的突变系大鼠。与其他大鼠相比，SHR 大鼠自发性高血压发病率较高，且没有明显的原发性肾脏或肾上腺损伤，心血管病发病率也相对较高。与 Fisher 344 大鼠不同，SHR 大鼠的生育能力和存活寿命并未发生显著变化。

（5）ACI 大鼠

ACI 大鼠同样诞生于哥伦比亚大学肿瘤研究所，由柯蒂斯和邓宁（W. F. Dunning）培育而成。ACI 大鼠从受精卵阶段开始就面临着高胚胎死亡率的风险，即便顺利出生，也可能成为畸形儿，而正常的兄弟姐妹也往往个头矮小。ACI 大鼠的共同特点是肿瘤发病率较高，因此它们主要被用于肿瘤研究事业。

2. 大鼠在实验中的应用

在一个宽敞明亮的实验室里，一群研究人员正专心致志地进行着一项重要的实验，他们的目标是寻找一种新型药物。实验室里的焦点是一群可爱敦厚的大鼠，它们是这项研究的主要参与者。

这群大鼠被研究人员亲切地称为"艾斯迪先生"，团队的研究领头人李博士，多年来对心血管疾病一直有着浓厚的兴趣，一直在致力于寻找一种能够有效治疗心血管疾病的新药物。通过对"艾斯迪先生"血压和血管阻力的观察，李博士和他的团队成功地找到了一种有潜力的药物。他们发现这种药物可以显著地改善大鼠的心血管健康状况，这让他们感到了前所未有的振奋。

此外，通过利用大鼠足趾浮肿法，他们在关节炎药物的研究方面也取得了显著成果。这种方法让他们能够快速而准确地评估药物的效果，为未来的临床研究奠定了坚实的基础。

随着研究的深入，"艾斯迪先生"也参与了关于代谢性疾病的研究，它们帮助科学家们探索了动脉粥样硬化、酒精中毒等疾病的机制，为疾病的治疗提供了重要线索。在传染病研究方面，"艾斯迪先生"也当仁不让。它们帮助科学家们深入了解了各种微生物引发的传染病，为疫苗和药物的研发提供了有力的支持。

不仅如此，"艾斯迪先生"还在牙科学研究方面发挥了重要作用。通过在它们口腔中接种变异链球菌，并喂以含蔗糖食物，科学家们成功地模拟出了人类蛀齿的情况，为龋齿的研究提供了重要参考。

最令人惊奇的是，"艾斯迪先生"的肝脏再生能力也成了肝外科实验的利器。经过精密的手术，科学家们成功地切除了大鼠 60% 至 70% 的肝脏，令人惊讶的是，这些大鼠的肝脏竟然开始了重新生长和修复的过程。

团队的努力和"艾斯迪先生"的无私奉献，最终为医学研究带来了一系列重要的突破。

3. 大鼠和小鼠的区别

大鼠和小鼠都是鼠，但是在各个方面的差别还是非常大的。

在体型方面，大鼠的体重一般是小鼠的十倍。成年的小鼠一般重 25 克左右，成年的大鼠则重 250 克左右。虽然他们都是鼠，但是大鼠可是小鼠的天敌。在外形上，大鼠鼻子较长，尾巴较短，而小鼠则相对娇小，鼻子较短，尾巴较长。

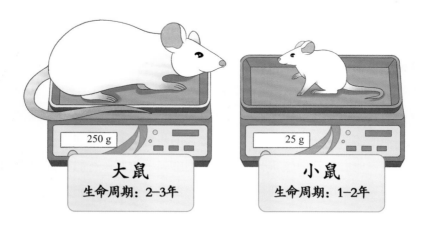

大鼠
生命周期：2—3年

小鼠
生命周期：1—2年

大鼠的生命周期较长，通常为 2 至 3 年；小鼠的生命周期相对较短，一般为 1 至 2 年。这也意味着，在研究中可能需要更长的时间来观察大鼠的生长和疾病发展等过程。

大鼠和小鼠在行为特征上也有差异。在实验条件下，大鼠相对温顺，容易被人类驯化，而小鼠则更加警觉和敏感。

由于在基因组中的差异，大鼠和小鼠在遗传学研究中有不同的应用。小鼠的基因组相对较小，易于进行基因编辑和遗传改造，因此在研究基因功能和遗传疾病方面被广泛使用；大鼠更适于模拟人类疾病和药物研发。

三、实验兔饲养——从幼兔到成兔

1. 实验兔的品系

实验兔的时间作息可谓"昼夜颠倒"，它们在夜间表现得非常活跃，70%的食物和60%水分在夜间摄入；在白天，实验兔表现得相对安静，除了吃饭时间外，它们常常闭目睡觉。这个特点使实验兔成为进行夜间实验操作的理想选择，实验人员甚至可以通过按摩太阳穴诱导它们进入睡眠状态，而无需使用麻醉手段。

此外，实验兔的性格通常温顺，但如果是同性别的成兔群养，则经常会发生斗殴和咬伤行为。因此，在实验中通常将实验兔单独笼养，这样更容易管理。需要注意的是，捕捉家兔时应采取正确的方法，以避免被它们的利爪抓伤皮肤。

那么目前常用的实验兔的品种有哪些呢？

让我们一起来看看吧！

（1）日本大耳白兔

日本大耳白兔的名字源于它特殊的外貌特征——引人注目的大耳朵。它们的耳朵向后方竖立，呈柳叶形，根部细，端部尖锐。这种耳朵的形状使得它们在实验中非常有用，因为血管分布清晰，容易进行取血和注射等实验操作。日本大耳白兔的毛皮通常是全白的，而眼睛呈红色，这也是这个品系的独特特征之一。

（2）青紫蓝兔

青紫蓝兔也是因为其特殊的毛色而有了这个名字。它们的被毛通常呈现彩色轮状漩涡，每根毛分为三段颜色：毛根部分灰色，中段为灰白，毛尖是黑色的。青紫蓝兔的耳尖、尾巴、面部为黑色，眼圈、尾底和腹部呈白色。它们体型较为强壮，适应性强，性格温顺。

（3）新西兰白兔

新西兰白兔通常具有全白的被毛，没有其他颜色斑点或斑纹。它们头部比较宽圆，耳朵较宽厚而直立，四肢粗壮有力，尾巴较短。新西兰白兔是一种著名的肉用兔，它们因为丰满的肌肉、适中的体型和高繁殖力，被广泛饲养用于肉类生产。

除了肉用，新西兰白兔在实验室研究中也得到了广泛应用。它们性格温和，易于管理，因此常用于皮肤反应试验、毒性测试、营养研究以及热源实验等。

2. 实验兔在生物医学研究中的应用

首先，兔子在热原实验等研究中功不可没。它的体温变化灵敏，像是一把温度计，能够发现微生物、化学药品和异种蛋白等物质对身体的影响。兔子对这些物质最易产生发热反应，就像是身上点燃了一把火，将温度一路推向高峰。这种发热反应非常典型、恒定，因此被广泛应用于制药工业和各类制剂的热原质检及发热解热机制研究。可以想象一下，兔子就像是一簇实验研究的火苗，为科学的探索点亮了前行的道路。

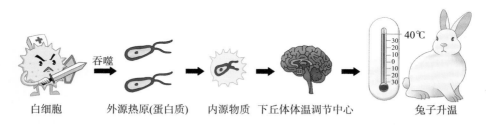

白细胞　　　　外源热原(蛋白质)　内源物质　下丘体体温调节中心　　　　兔子升温

其次，兔子的血清产量丰富，可以制备高效价和特异性强的免疫血清。它的腮淋巴结也十分明显，适合注射，因此被广泛用于抗血清和诊断血清的研制。实验兔在心血管病和肺心病的研究中也发挥着重要的作用。它的颈部神经血管和胸腔构造十分独特，非常适合进行有关心血管的实验。

在科学研究中，实验兔就像一位"百变小能手"，通过其敏锐的反应、丰富的血清和独特的构造，为各个领域的研究提供了宝贵的支持和机会。

3. 关于实验兔的"吃住行"

实验兔是人们驯化出来的小动物，它们需要吃营养均衡的颗粒饲料。这些饲料要符合国家规定的营养和卫生标准，也要满足不同阶段兔子的营养需求。尤其是要注意饲料中粗纤维的含量，草食动物对于粗纤维需求非常大。而且，实验兔是啮齿类动物，它们的牙齿终生不断生长，因此具有磨牙和啃咬的习惯。在饲养和设计饲养器具时，需要特别注意提供适当的咀嚼材料，如富含粗纤维的食物，以保持牙齿的健康。同时，实验兔每天都需要定时、定量进行喂养。

实验兔的健康和生长发育需要良好的饮水条件，所以给它们提供清洁、安全的饮用水非常重要。普通级实验兔可以使用满足城市生活用水标准的水源，比如自来水或经过过滤处理的水。而对于清洁级及以上级别的实验兔，饮用水则需要经过特殊处理。常见的处理方法包括灭菌和纯化，可以使用紫外线灭菌器、滤网、活性炭等设备来去除水中的微生物和杂质。

实验兔的笼子通常是用钢丝或竹片、木条做成的。里面有食槽和饮水器。由于实验兔吃得多、排泄得多，而且它们的"便便"有一点儿臭，所以需要用带有单向气流控制的不锈钢兔笼和自动饮水系统。如果饲养条件允许，还可以把兔子的便便收集起来，利用一个像传送带一样的装置，定期清理，这样兔子住起来也会更舒心。

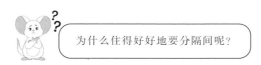

为什么住得好好地要分隔间呢？

实验兔住房还会进行改造以便不时之需。不锈钢兔笼可以根据需要隔成两个部分，为什么住得好好的要分隔间呢？

当然是成兔（成年的实验兔）家庭中要迎来一位新成员了——仔兔，也就是兔宝宝。实验兔住房改造有两个显而易见的好处，一个隔间在兔妈妈哺乳期可以放置产箱，另一个隔间则可以作为活动间，这样更有利于成兔和仔兔日常生活。

另外，由于实验兔的被毛较发达，它们能够忍受寒冷的气温，但不耐受潮湿和高温。当气温超过 30℃ 或环境过度潮湿时，成年母兔可能会出现减食、流产以及拒绝哺乳仔兔等现象。因此，在炎热的夏季，需要特别注意实验兔的居住环境。

4. 哺乳期的母兔

给怀孕的母兔提供良好的护理对保证它们的健康和顺利分娩非常重要。

首先，要保持环境的安静，不要吓到怀孕的母兔，让它们保持平静。同时，要提供充足且优质的饲料，尤其是在中晚期，增加饲料量约 50%，蛋白质含量增加 20%—40%。预产期前 2—3 天要换一个干净的笼子，放上消毒过的产箱，铺上棉花，做好准备迎接宝宝的到来。

分娩后要及时检查母兔并清理产箱，把掉落的脏毛、血毛和死胎清理干净，补充垫料，重新整理巢窝，让兔妈妈和宝宝们生活得更舒适。

为了增加营养，尤其是蛋白质的摄入，要根据仔兔的日龄增长来调整饲料喂量，并确保提供足够的饮水。经常检查母兔的哺乳情况和仔兔的吸奶情况，如果有母兔不会哺乳，可以把它轻轻地放入产箱，促使它哺乳。每天 1—2 次，每次大约 5 分钟，连续进行 2—3 天，有些母兔就会开始自己哺乳。产后 3 天要调整好仔兔的数量，确保它们得到足够的营养。

还有一点需要注意，新生的仔兔可能无法吸到母乳，此时母兔就会清理胸部的毛。如果发现母兔不拔毛或拔毛不充分，可以人工辅助拔除母兔胸部或腹部毛，特别是乳头周围的毛，这样可以防止仔兔无法吸到母乳。

5. 仔兔睁眼

仔兔出生后会经历两个重要时期——睡眠期和睁眼期。

睡眠期（出生至 12 日龄）是指小兔子从刚出生到 12 天大的阶段。在这个阶段，小兔子需要喝母兔的初乳，因为初乳可以帮助小兔子排便。而且，刚出生的小兔子身上没有毛，也没有办法调节体温，所以我们需要给它提供保暖措施。

为了让小兔子和母兔都能休息得好，我们可以把小兔子放在保温箱里喂养，然后每天早晚各一次，把小兔子送到母兔的产箱里喂奶。

开眼期（13 日龄至断奶）是指小兔子眼睛睁开后到断奶的阶段。在这个

阶段，小兔子的生长发育速度加快，需要更多的营养。但是兔妈妈的泌乳量在产后18—21日达到顶峰后会逐渐减少，所以当兔宝宝睁眼后，饲养员就可以规划给兔宝宝补充易消化的饲料了。

小兔子出生20天后就开始吃料了，这时我们可以把兔宝宝和母兔放在同一个笼子里饲养，适当增加它们的饲料量。一般来说，小兔子在50—60天大，体重达到1千克以上时，就可以断奶了。

四、非人灵长类实验动物饲养

1. 常见的非人灵长类实验动物

（1）猕猴

实验动物猕猴，精确地归类于动物界的猕猴属。这个家族包括12种不同的成员，在这些成员中，恒河猴、熊猴、红面短尾猴和四川断尾猴是在实验研究中最常被用到的品种。这些猕猴在生物医学研究、药物测试、疾病模型和行为学研究等领域扮演着关键的角色。

猕猴的体型结实，身高通常在50厘米左右，这使得它们成为理想的实验动物——这种中等体型方便进行日常护理和实验操作。不同种类的猕猴尾巴的长度有所差异，有些猕猴的尾巴略长于其身体，有些猕猴，如四川断尾猴，则完全没有尾巴。这种多样性有时对特定的研究非常有用。

（2）食蟹猴

食蟹猴，也被称为长尾猴或爪哇猴，是一种独特而迷人的灵长类动物。这种猴子的特征和习性使其成为生物学和行为学研究中的一个有趣的对象。

食蟹猴的身体较小，身长通常不超过50厘米，体型较猕猴小。它们的尾巴与身体等长或更长，这不仅使它们在树上更加敏捷，也是它们的一个显著特征。

食蟹猴头顶上的毛发形成一条特征性的小短嵴，脸颊周围长有类似胡子的毛发。眼睑周围有一个淡白色的三角形区域，这使得它们在众多灵长类动物中容易被识别。

食蟹猴的名字来源于它们的食物偏好——水里的小螃蟹和小虫子。这种独特的食性使它们在灵长类动物中独树一帜。它们通常栖息在海边的红树林中，适应在潮湿的环境中生活。这些猴子不仅善于攀爬，还特别会游泳和潜水，这在灵长类动物中非常罕见。

（3）狨猴

再来认识一下狨猴，它也叫绢毛猴、普通狨、银狨、倭狨、棉顶狨。它们生活在中南美洲的热带雨林中，以其独特的生理特征和行为习惯而受到科学家和动物爱好者的关注。

狨猴的身体小巧，头部呈圆形，没有腮囊，鼻孔朝向侧面，这是它们的一

大显著特点。狝猴尾巴相对较长，但与许多其他灵长类动物不同，它们的尾巴并不用于缠绕物体。

狝猴们性格活泼、温顺，相对较为娇弱，这使得它们容易被驯养。狝猴没有季节性繁殖限制，能够在人工环境中繁殖，这一点对于动物园和研究机构来说非常有价值。

2. 非人灵长类动物在医学研究中的作用

非人灵长类动物在医学研究领域扮演着不可或缺的角色。它们与人类有着相似的生理和遗传特性，使得科学家能够通过它们更好地理解人类疾病并寻求治疗方法。猕猴、食蟹猴和狝猴这三种猴子在实验中有着各自的独特应用和重要性。

（1）猕猴在医学研究中的应用

猕猴，尤其是恒河猴、熊猴、红面短尾猴和四川断尾猴，因其与人类有着较近的亲缘关系，成为医学研究中的重要动物模型，它们被广泛用于各个几方面的研究。

在生物医学研究方面，猕猴由于生理和遗传特性与人类相似，它们常被用来研究各种人类疾病，如心血管疾病、神经退行性疾病和免疫系统疾病。在疾病模型方面，猕猴作为动物模型，对于理解特定的人类疾病机理和测试药物治疗的有效性至关重要。在行为学研究方面，猕猴的社会行为和认知能力使它们成为研究动物行为和神经科学的理想模型。

（2）食蟹猴在医学研究中的应用

食蟹猴，这种生活在海边红树林中的独特猴子，虽然在实验中的应用不如猕猴广泛，但在特定领域中仍然具有重要作用。

在行为和神经科学研究方面，食蟹猴的社会行为和认知能力使其成为研究动物行为学和神经科学的理想选择。在环境适应性研究方面，它们对特殊生态环境的适应，为科学家提供了研究动物如何应对环境变化的重要线索。

（3）狝猴在医学研究中的应用

狝猴虽然体型小，但这些小巧的猴子在科学研究中占据着一席之地。

在社会行为研究方面，狝猴的社会结构和行为模式对于理解动物社交行为和群体动力学提供了独特的视角。在生态学和行为学实验方面，狝猴的繁殖习性和适应性使它们成为研究这些领域的理想对象。

非人灵长类动物在医学研究中的应用不仅反映了它们与人类生理和遗传上的相似性，还显示了不同物种在特定研究领域的独特价值。想象一下，如果有一个非人灵长类动物的医学研究奥斯卡颁奖典礼，猕猴、食蟹猴和狨猴绝对是"常客"！从药物测试到行为科学，这些小家伙们在帮助我们理解人类健康和疾病方面发挥着重要作用。

3. 科学饲养法

饲养猕猴有两种方法，一种是放在笼子里养，一种是放在大房间里养。检疫驯化群、隔离群和急性实验群一般放在笼子里养，而繁殖群和慢性实验群可以放在大房间里养。养猕猴的笼子要有锁或门闩，底下要有盆子接排泄物，还要确保猴子碰不到废物。

喂食时要有合适的喂食器具和饮水器。饲养的房间有供休息和防寒的室内，也有用铁栏杆或网栏围起来的供活动的室外。有些饲养场还会把它们放在孤岛上或用高墙围起来，这也是一种好方法。

猕猴是杂食动物，吃的东西很多，吃得很快，有时还颇为挑食。它们主要吃素食，所以饲料要多样化，要注意它们喜欢的口感。主要食物是各种粮食的精饲料，为了让它们吃的东西不单一，也可以加一些牛奶、鸡蛋、鱼粉、骨粉和食盐。

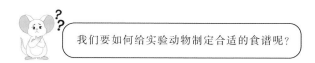

我们要如何给实验动物制定合适的食谱呢？

首先，要保证食物种类多样，不要过于单一。和我们一样，动物也需要吃各种各样的食物才能保持健康。另外，要确保它们摄入足够的维生素 C 和矿物质，这对它们的健康很重要。

成年猴子每天需要吃很多食物，包括 300 克的蔬菜。食物可以煮熟、做成饼干，也可以微火烘烤。有些谷物和豆类可以用盐水浸泡一下，这样吃起来更有味，一天要按时喂食 2—3 次。

如果有一些猴子很挑食，可以先给一些它们不那么喜欢的食物，然后再给它们喜欢吃的，这样它们就不会再挑食。喂食的时候一定要注意食物的洁净，不要喂发霉变质的食物。瓜果和蔬菜要洗干净后用消毒液浸泡；食具和水瓶要每天清洗，定期消毒。

4. 身价过万的"大圣"

由于非人灵长类动物的特殊性，使用这类实验动物的成本也相当高。根据相关的报道，一只实验猴的售价可以达到 23 万元人民币。

听起来很惊人吧！尽管这是个例的高价，但日常购买一只实验猴也需要十几万的费用。

为什么价格会如此高昂呢？

与全球每年将近 2 亿只小鼠用于生物医药的临床前研发相比，灵长类动物数量有限。而在生物学和行为学上与人类更接近，使得它们在某些特定研究领域中极为重要，但这也意味着它们的稀缺。

此外，灵长类动物的繁殖周期长，从出生到性成熟的时间较长，这导致了它们的繁殖和饲养成本显著高于其他实验动物，这是它们高价的原因之一。

由于灵长类动物与人类在生理和行为上的相似性，对它们的研究受到更严格的伦理和法规审查，包括要确保适当的饲养条件、减少不必要的痛苦和压力，以及严格限制使用数量，这进一步增加了研究成本。对于实验猴的质量控制和管理也促进了它的溢价。

五、实验小型猪饲养

1. 实验小型猪

随着解剖学的发展，科学家们发现，猪在身体结构和生活方式上和我们人类非常相似。因此，在科学研究中，人们越来越喜欢用小型猪替代一些受限制的动物，比如犬类和猴子。这让小型猪的使用越来越多。

烧伤和烫伤在医院里很常见，有趣的是，小型猪的皮肤跟人类的皮肤也很像！包括毛发的密度、皮肤的厚薄，皮肤里的脂肪层，形状和生长速度，以及在烧伤时皮肤里的液体和代谢变化，都和人类非常相似。

因此，小型猪成了进行实验性烧伤研究的最佳选择，它们的皮肤特别适合用来研究治疗烧伤的方法。例如，有一种特别制作的冻干猪皮肤可以当作生物敷料，用来覆盖因烧伤或其他原因而受损的皮肤，加速伤口愈合，减轻疼痛和预防感染，并且不会引起排斥反应。

此外，小型猪还可以用于心血管疾病、肿瘤以及免疫学等方面的研究，简直就是"医学宝藏"！

2. 猪妈妈"日记"

当猪妈妈们怀孕时，大约需要 114 天才能生小猪宝宝哦。如果吃得好，宝宝们可能会提前出生，但如果吃得不太好，那分娩可能会延后一些。

宝宝们在妈妈肚子里的成长也分阶段。一开始，宝宝们成长比较慢，不需要太多营养。中期的时候，宝宝们还是慢慢成长，吃得也不多，但妈妈们的食量会变得很大，所以可以多喂些绿色粗粮，还可以让它们多动动。到了妊娠后期，宝宝们开始迅速成长，这时候要逐渐加入更多的高营养食物，保证妈妈和宝宝们都有足够的营养。同时，妈妈们的身体里也会积存一些养料，供宝宝们出生后喝奶用。

哺乳期间，猪妈妈的身体需要更多的营养，所以饲料中蛋白质要占 16%，维生素 A、维生素 D，以及钙、磷等都不能少。要注意定时定量，不要突然改变饲料，还要保证干净的饮水，适当增加运动。产后应少喂，避免消化不良。

六、羊的饲养

1. 实验用羊常见的品种

（1）梅里诺羊

梅里诺羊起源于西班牙，体型中等，耐寒性强，是世界上最古老和最著名的羊品种之一。梅里诺羊以其细软的羊毛而闻名，这种羊毛的纤维非常细，由其制成的衣物柔软且不易刺激皮肤，是制作高品质羊毛制品的首选材料。

（2）多塞特羊

多塞特羊起源于英国的多塞特郡，是一种历史悠久的品种。它们可能是由罗马带到英国的羊与当地羊种交配产生的，多塞特羊性格温和，易于饲养管理。尤其以多产性和全年都能繁殖的能力而受到青睐，作为中等体型的羊，适合肉用和乳用。

（3）苏福克羊

苏福克羊是在 19 世纪初在英国东部，通过南部羊和诺福克羊杂交培育出来的。这种杂交使得苏福克羊继承了优秀的肉质和生长速度。它们的毛色独特，头部和腿部为黑色，身体为白色，同时羊体型大，肌肉发达，主要用于生产羊肉，是世界上最受欢迎的肉用羊品种之一。

那么接下来我们看看实验用羊具体应用在哪些方面吧！

2. 实验用羊的应用

梅里诺羊、多塞特羊和苏福克羊这三种羊在动物实验中的应用，从基础生物学研究到疾病模型和农业科学，涉及了多个方面。

前面谈到，梅里诺羊以其细软的羊毛闻名，因此梅里诺羊被广泛用于研究与羊毛生长、纤维特性和羊毛生产相关的遗传学问题。这些羊还是皮肤科学研究的"宠儿"，因其皮肤和毛发特性而成为皮肤病理学和皮肤再生的研究"明星"对象。甚至在心脏病和心血管系统的研究中，它们也表现出色，因为它们的心脏与人类的惊人相似。

多塞特羊则是由于其高产性而被用于生殖生理学研究，例如研究哺乳动物的激素调控、孕期和分娩。这种羊还是遗传学和基因工程的优秀实验对象，例如通过基因编辑技术研究特定基因的作用。在疫苗开发领域，它们还是研究免疫系统特别是免疫响应的好帮手。

最后，我们的肌肉健将——苏福克羊，作为世界上最受欢迎的肉用羊品种之一，主要在羊肉生产领域大显身手。它们涉及的研究范围涵盖肉质、生长率和饲养管理。由于体型较大，这些羊也被用作研究肌肉退化症和骨骼疾病的模型动物。在农业科学领域，它们还参与有关饲料效率和生长激素的研究，以及改善羊肉生产的育种策略。

这些应用显示了羊在生物医学和农业研究中的多样性和重要性，通过这些研究，科学家不仅能够增进对羊本身的理解，还能够获得对人类相关疾病和生物学过程的洞察。

3. 名留青史的"多莉"

1996 年 7 月 5 日，在苏格兰的罗斯林研究所，一个科学界的奇迹诞生了。这一天，世界第一只克隆哺乳动物——克隆羊"多莉"迎来了它的第一次呼吸。多莉的诞生不但是科学史上的一个重大突破，更是生物技术领域的一大里程碑。

多莉是通过体细胞核移植技术克隆的，这一过程将一只成年绵羊乳腺细胞的核移植到另一只羊的去核卵子中。多莉的诞生证明了从成年哺乳动物的体细胞克隆出一个完整个体是可能的，这打破了以往认为只有干细胞具有生成完整个体潜能的传统观念。

多莉的意义远超过它本身的生命。在生物学领域，多莉的诞生推动了遗传学、生殖学和干细胞研究的发展，为未来治疗遗传疾病、组织修复和再生医学开辟了新的研究方向。此外，多莉的出现也引发了广泛的伦理、法律和社会讨论，特别是关于克隆技术的使用和潜在的人类克隆问题。这些讨论至今仍在持续，成为科技发展中不可或缺的一部分。

除了在科学研究领域的影响，多莉的成功也激发了人们对克隆技术的进一步研究和应用，特别是在农业、医药和动物保护方面。例如，在农业领域，克隆技术有望提高畜牧业的生产效率和质量。在医药领域，通过克隆可以获得更多相同遗传背景的动物模型，为疾病研究和药物开发提供重要工具。

多莉不仅是科学史上的一个标志性事件，更是人类对生命科学认知边界的一次重大拓展。它的诞生不仅展示了科学的进步，也凸显了伴随科技发展而来的复杂伦理和社会问题。多莉的故事无疑是名留青史的，它提醒我们，在追求科学的道路上，不仅需要智慧和勇气，还需要深思熟虑和负责任的态度。

七、斑马鱼饲养

1. 斑马鱼的常见品系

斑马鱼，可谓生物科学与医学界的"巨星"！它可不仅仅是受欢迎的观赏鱼哦，更是实验室里的明星选手。最常见的斑马鱼品系有 4 种，它们各具特色。

（1）AB 品系

AB 品系是斑马鱼研究中最常用的标准品系之一，以其遗传背景的均一性和高繁殖率而受到科学家的青睐。AB 品系适用于各类生物学研究，包括遗传学、发育生物学和疾病模型研究。

（2）TU 品系

TU 品系也是一个广泛使用的标准品系，具有良好的繁殖能力。它的遗传背景相对稳定，适合进行遗传和发育方面的实验。TU 品系在进行遗传交叉实验时特别有价值。

（3）WIK 品系

WIK 品系斑马鱼具有不同的遗传背景，适用于更复杂的遗传学研究，它们常被用于研究遗传变异和基因功能。由于遗传背景的多样性，WIK 品系有助于研究基因表达的多样性和变异性。

（4）Casper 品系

Casper 品系的斑马鱼几乎是透明的，这使得研究者能够直接观察到它们的体内情况。

2. 斑马鱼的应用

斑马鱼发育期透明的特点使其特别适用于研究器官发育、肿瘤生长和血管系统。例如，Casper 品系为非侵入式活体成像提供了极佳的模型，使科学家能够实时观察器官发育、肿瘤进展以及血管系统的动态变化。

每种斑马鱼品系都有独特的应用领域，科学家根据研究需求选择合适的品系。无论是针对基因研究、疾病模型还是药物筛选，斑马鱼都提供了丰富的选择。斑马鱼繁殖周期短、易于维护和低成本的特点，增加了其在科学研究中的吸引力。

3. 斑马鱼的优势

刚刚出生的斑马鱼是透明的，可以看到内部的器官和血管。这使得科学家们能够直观地研究它们的内部结构和生物过程。

其次，斑马鱼的繁殖速度极快，它们能在短短几个月内从受精卵发育成成鱼。这就像生物界的"速成班"，让科学家们能够在短时间内进行大量实验，节约了时间和资源。

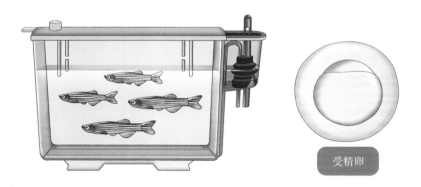

受精卵

更有趣的是，斑马鱼的基因和人类有很高的相似度，有许多基因片段甚至是相同的！这让我们能够通过研究斑马鱼来了解许多关于人类健康和疾病的奥秘，比如心脏病、癌症等。

这一点我们可以看看小鱼儿"斑斑"胚胎发育的历程，它会经历怎样的变化呢？

斑马鱼的发育过程就是自然界中的一个奇迹。它们的生命从一个微小的、淡黄色的受精卵开始。

　　在几分钟内，这个小小的卵开始经历快速的分裂过程，形成了一个微小的胚盘。这个阶段是斑马鱼生命的奠基时刻，胚盘形成后，胚胎便开始逐渐发育出身体和头部的轮廓。

　　随着时间的推移，斑马鱼的身体开始显露出更多的细节。内部器官逐一形成——跳动的心脏、功能强大的肝脏、过滤废物的肾脏，所有这些都在不断地发展和成熟。

　　然后，斑马鱼的神经系统和肌肉系统开始形成，它们仿佛在为生命的舞台做着准备。这些系统的发展是斑马鱼成长过程中的关键阶段。经过大约一周，斑马鱼完成了它们的初期发育。

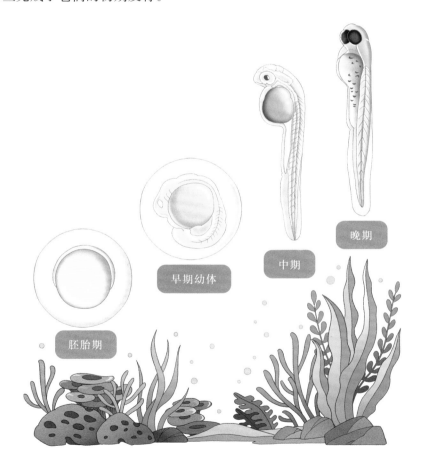

晚期

中期

早期幼体

胚胎期

4. 饲养条件

斑马鱼的健康养殖是开展一切与斑马鱼相关的研究工作的基础。斑马鱼的实验室饲养过程中，需要考虑的因素有很多，包括温度、酸碱度、水软硬度、盐度、含氧量、电导率、光等。接下来我们就了解一下其中的一些条件。

（1）温度

斑马鱼是一群热爱温暖环境的淡水鱼，最大耐受的温度范围为 6～38℃，研究表明，它们最喜欢的温度是 28.5℃。太高的温度会让水里的氧气减少，还容易滋生细菌，这对斑马鱼的健康很不好；太低的温度会让斑马鱼的成长速度变慢，也会减少它们的产卵量，因此要保持适宜的温度才能让斑马鱼健康成长。

（2）含氧量

大家可能认为，鱼缸里氧气越多越好。但是，气体太多，会产生一些小气泡，而这些气泡会被斑马鱼当成美味的食物吞下肚去。就像我们喝了太多可乐或者吃坏肚子一样，吃了太多气体会让身体不舒服。要知道斑马鱼的身体可比我们小多了，所以哪怕一点点多余的气体都会对它们造成很大影响，比如堵塞血管和气管。同时，水里的气泡太多，也会让它们感觉像是碰到了屏障，活动困难。

（3）光照

光的强度也很关键。水面上的光亮最好在 54—324 勒克斯之间，太亮会导致水里的藻类生长大爆发，对斑马鱼的生存不利。反过来，如果灯光太暗，斑马鱼就会变得"低迷"起来，皮肤色泽也会变暗淡，失去活力。

"纸上得来终觉浅，绝知此事要躬行。"看到这里，你是否会感叹实验动物的饲养原来有这么多的奥秘！

第三节
生物净化与基因编辑

一、生物净化的重要性

1. 什么是生物净化

生物净化技术是目前去除实验动物病原微生物感染的一种有效途径，减少或阻止病原体通过一个活体小鼠传染给饲养在屏障设施内的其他小鼠，从而造成屏障内动物的污染。

2. 为什么要进行生物净化

生物净化在实验中是非常重要的，特别是对于活体小鼠这样的实验动物。虽然小鼠在实验中扮演着重要的角色，但它们也可能成为病原体的携带者或传播者。为了避免病原体在实验室的设施内传播并污染其他小鼠，净化措施就变得至关重要。

有以下几种情况需要进行净化。

当实验鼠要进入新的或更高级别的隔离系统时，生物净化是必要的。不同级别的隔离系统可能存在不同的病原体，为了保证新系统内小鼠的健康，必须对原来的实验鼠进行净化处理。这样可以确保小鼠在进入新环境后，不会出现新的病原体感染和疾病发生现象。

如果实验鼠已被确认受到病原体污染，为了防止病原体传播到其他小鼠身上，生物净化也是必要的。这种情况下，实验室需要对受感染的小鼠进行隔离和治疗，并对其周围环境进行彻底的清洁和消毒。这样可以避免病原体传播给其他健康的小鼠，从而保持剩余小鼠的健康。

如果实验鼠的健康状况不佳，已经对实验结果产生了影响，为了确保实验的准确性和可靠性，也需要进行动物净化。这种情况下，实验室需要对小鼠进行治疗帮助其康复，并采取措施提高其健康水平。这可能包括改善饮食、提供

适当的环境条件以及进行必要的医疗护理。通过净化处理，实验鼠的健康状况可以得到改善，从而减少对实验结果的干扰。

总的来说，生物净化在实验中是非常重要的，可以保护实验动物的健康，避免病原体的传播和污染，确保实验结果的准确和可靠。

3. 生物净化的方式

胚胎移植技术是一种生物净化手段，可以将早期胚胎从一个动物移植到另一个相同种类动物的体内，让其继续发育成为新的个体。通过这种技术，我们可以有效清除病原微生物感染，提高外来基因修饰动物的质量，并保持它们的生物学特性一致。

如今，模型动物在生物医药领域被广泛应用，它们的种类多样、来源复杂，质量也不一样，而模型动物的质量高度影响实验结果的准确性和可重复性。尤其是一些基因修饰模型动物，这些动物在制备、饲养、运输和品系共享的过程中容易感染病原微生物，从而影响健康和品质，并且还存在生物安全隐患。

此外，可以利用胚胎移植技术进行生物净化。这种净化技术的原理是通过胚胎的透明带达到清除微生物的目的。胚胎的透明带是一种天然的屏障，可以有效阻止细菌、寄生虫和大部分病毒的侵袭。

科普小提示

胚胎的透明带

胚胎的透明带是指在某些动物的胚胎发育过程中出现的特殊结构，通常出现在卵胚阶段。这个结构通常是一条透明的带状结构，位于胚胎的腹部或侧面。透明带在不同动物种类中可能具有不同的形状和功能。

我可以阻挡细菌、病毒，保护卵细胞！

胚胎移植技术包括两种，一是体内胚胎移植，二是体外胚胎移植。

体内胚胎移植可以将受污染的动物胚胎移植到健康的母体体内。这样，胚胎就能在新的母体体内继续发育，而污染物会被排出体外。这种方法可以帮助我们清除母体内的病原微生物，使胚胎健康发育。

例如，从已受到病原体污染的实验鼠身上取出受精卵或早期胚胎。接下来，将这些胚胎转移至健康、干净的代孕小鼠体内。通过这个方法，可以将透明带外部的微生物含量稀释至非常低的水平。随后，代孕小鼠会孕育出没有受到病原体污染的小鼠幼仔，这些小鼠幼仔在无病原体环境中生长和成熟。通过这样的净化过程，可以确保实验小鼠没有受到病原体感染，从而避免对屏障设施内其他小鼠的污染。

体外胚胎移植是在实验室中将精子和卵子结合，形成胚胎，然后将它们移植到健康的母体体内。通过这种方式，我们可以避免病原微生物通过自然交配传播的风险，确保新生胚胎的健康。

这些生物净化技术还可以帮助我们快速繁殖动物。当我们有一种品种特别重要或者有特殊基因的动物时，可以利用这些技术进行快速繁殖，以确保这种动物的数量足够多。这对保护濒危物种或进行科学研究非常有帮助。

二、基因编辑

1. 基因编辑

在医学研究中，基因编辑动物就像是"模拟器"，可以帮助科学家模拟疾病的发生和发展。如果想研究心脏病，科学家们就可以把可能导致心脏病的人类基因放到小鼠体内，这样小鼠就可能会表现出类似人类的心脏病症状。科学家们观察这些小鼠，就像通过一面镜子，看到了疾病在人体内的影子，能够更好地了解病情，寻找治病的办法。

科普小提示

基因编辑

基因编辑是一种科学技术，类似于给生物体穿上一种"定制战衣"，通过精确的操作，将一种生物体的特定基因"传递"给另一种生物体。举例来说，科学家们可能会将发光水母的基因引入小鼠中，使得这些小鼠的某些细胞也能够发光。这样做的目的在于帮助科学家们更清晰地观察小鼠身上发生的生物过程。

在实验动物基因编辑的技术应用中，CRISPR/Cas9 系统是一个突破性的工具，前面我们就提到过，这个技术提供了一种快速、精准、高效的基因编辑方法。通过 CRISPR/Cas9，科学家可以对动物基因组精确地修改，进行基因敲除、基因敲入和基因突变等操作。这些操作使得科学家能够在分子层面理解

基因功能，以及这些基因对健康和疾病的作用。

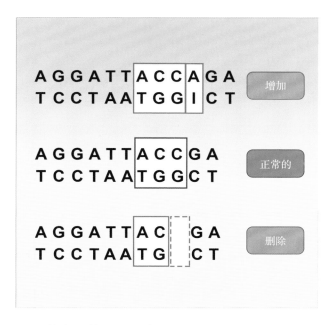

CRISPR/Cas9 技术就像是一个高级的"生物编辑器"，它可以让科学家们在遵循伦理和动物保护法规的基础上，在动物的基因"文稿"中，精确地增加、删除或修改某些文字。就像编辑一篇文章一样，科学家们可以改写动物的基因故事，让它们展示出我们想要观察的特性。

2. 基因编辑动物的作用

科学家们可以运用基因编辑技术，在动物体内模拟人类疾病的发生和发展过程，从而更加全面地理解这些疾病的机制。例如，可以设计出患有类似人类癌症、神经系统疾病等病变的基因编辑小鼠，以便研究这些疾病的起因和可能的治疗方法。

基因编辑动物也被用于测试新药物的有效性和安全性。通过将特定基因引入基因编辑动物中，可以模拟人类对药物的反应，并评估治疗效果，这为新药物的研发和临床试验提供了非常重要的信息。

第四节
实验动物福利

一、实验动物福利

1. 什么是实验动物福利

实验动物福利是指在科学研究和实验中对动物的保护和关爱。在进行实验室动物研究时，我们必须尽可能减少动物受到的痛苦和苦难，确保它们在实验过程中得到最佳的福利。2006 年，科技部在深入研究和广泛征求意见的基础上，制定了《关于善待实验动物的指导性意见》。

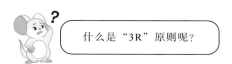

什么是 "3R" 原则呢？

"3R" 原则的 "3R"，指的是减少（reduction）、替代（replacement）和优化（refinement）。近年来，又有一项 "R" 被加入其中，那就是责任（responsibility）。目前，尽管 "4R" 原则还未广泛得到传播，但毫无疑问，业内对于实验动物福利的重视正在逐步强化。

减少是指如果某一研究方案中必须使用实验动物，同时又没有可行的替代方法，则应把使用动物的数量降低到实现科研目的所需的最小量。科学家应该尽量减少使用实验动物，同时确保实验仍能获得可靠的结果。

替换是指使用低等级动物代替高等级动物，或不使用活着的脊椎动物进行实验，而采用其他方法达到与动物实验相同的目的。科学家应该积极探索各种代替动物实验的方法，以减少对实验动物的需求。

优化是指通过改善动物设施、饲养管理和实验条件，精选实验动物、技术路线和实验手段，优化实验操作技术，尽量减少实验过程对动物机体的损伤，减轻动物遭受的痛苦和应激反应，使动物实验得出科学的结果。科学家应该提供适当的环境和护理，最大限度地减少实验动物的痛苦和不适。

责任是指科学家应该对他们的实验动物负起责任。这包括确保动物的福利、健康和安全，以及进行适当的道德评估和监管。科学家应该对实验的目的和必要性进行仔细思考，并确保他们的研究符合伦理和法律的要求。

为了确保实验动物在实验过程中得到适当的饲养环境、营养和医疗照顾，出现了"实验动物标准化"的概念。

2. 实验动物福利的宣传

一直以来，中国实验动物学会都非常重视关于实验动物福利的教育培训工作，并且采取了一系列措施来促进实验动物福利的发展。

为了提高从业人员的实验动物福利技能水平，中国实验动物学会还开展了实验动物福利技能培训。培训内容包括实验动物的饲养管理、疾病预防和控制、行为评估等方面的知识和技巧。培训方式既有理论教学，也有实际操作，让从业人员能够通过实际操作提升自己的技能水平。这样一来，不仅有助于保障实验动物的福利，还能提高实验结果的准确性和可靠性。

除了在学术界的宣传，动物福利的概念在科普宣传中也得到了广泛推广。

在各种媒体和平台上，都能看到关于动物福利的内容。例如，在电视台播放的科普节目中，会介绍一些关于实验动物福利的知识，呼吁大家爱护动物、关注动物健康；在一些科普杂志上，也会设立动物福利专栏，刊登专家评论文章，让更多的人了解实验动物福利问题的重要性。

除此之外，中国实验动物学会还组织编写了一些动物福利教材，将其纳入中国实验动物从业人员的培养和资质考核中。这样一来，无论是在学校培训还是在工作中，从业人员都将接收到系统的实验动物福利知识和技能培训。通过培训和制定标准，还可以推动实验动物使用与管理委员会（IACUC）规范化建设，确保实验动物的福利得到充分的保障。

只有在保障实验动物福利的前提下，我们才能够更好地进行科学研究和保护动物的健康。充分考虑实验的伦理和操作细节，能够确保动物的生命受到尊重。如果实验前毫无准备，那么不仅实验效率比较低，人力物力消耗大，收获也会减少。这是对实验动物付出的漠视带来的后果。

3. 世界实验动物日

世界实验动物日（World Day for Laboratory Animals）是每年的 4 月 24 日，是旨在提倡注重实验动物保护和福利的国际性活动。

世界实验动物日起源于 1979 年，由英国反活体解剖协会（NAVS）创建。当时，NAVS 发起了一项名为"兔子解救队"的运动，呼吁人们采取行动保护实验动物的权益。随着时间的推移，这项运动逐渐演变成了世界实验动物日。

让我们一起来看看吧！

作为一项重要的国际活动，世界实验动物日汇集全球力量，呼吁更多人关注实验动物福利，推动科学研究中对实验动物使用的伦理审查，促进替代实验动物方法和技术的发展，促使全球各国政府和科研机构采取更多措施，确保实验动物在使用过程中尽可能得到保护和关爱，为建立一个更加可持续和人道的科学研究环境做出贡献。

此时的你可能没有接触过实验动物，是否能想象出实验动物的伟大呢？

二、实验动物标准化

实验动物标准化是科学研究中的重要组成部分，涉及实验动物的选择、饲养、管理、操作和测量等方面的一系列标准化程序和准则，用以确保实验结果的一致性和过程可重复性，获得更稳定可靠的实验结果，保障实验动物应享的福利。

例如，实验动物质量控制、饲养环境控制、实验动物福利伦理要求等。通过标准化措施，实验动物行业不仅能够为科研提供强有力的支持，还能促进整个社会对动物权益的认识和尊重。巴甫洛夫曾说："没有对活动物进行实验和观察，人们就无法认识有机界的各种规律，这是无可争辩的。"我们至今没有办法完全模拟人的体内环境，对医学研究而言，动物实验是最直接有效的方法。

科普小提示

巴甫洛夫

伊万·彼得罗维奇·巴甫洛夫，苏联生理学家，条件反射理论的奠基人。巴甫洛夫在研究消化系统时，偶然发现了条件反射现象，通过实验证明了动物在特定刺激下会产生条件反射反应。他的研究对心理学和生理学领域产生了重要影响，并为行为主义心理学的发展做出了贡献。

1904 年，巴甫洛夫因其对消化生理学和条件反射的研究成果，被授予诺贝尔生理学或医学奖。他的工作为后来的心理学、神经科学和行为学等领域的研究奠定了基础，对理解动物和人类的行为有重要的启示作用。

三、实验动物标准化与实验动物福利的关系

实验动物标准化和实验动物福利密不可分，二者相互促进、共同发展。标

准化的管理和操作程序可以为实验动物提供一个稳定、适宜的生存环境，确保实验数据的准确性，同时也可以最大程度地减轻实验动物所受的痛苦。例如，规范的饲养条件、科学的实验设计、合理的疼痛缓解措施等，都是实验动物标准化管理的一部分，直接关系到实验动物福利。

想象一下实验动物如何在它们的"小天地"里享受着"五星级"待遇——定时营养均衡的餐食、柔软舒适的居住环境，甚至可能还有专门的娱乐设施。研究人员们不断探索创新，想方设法提升这些实验动物的生活品质，减轻它们在实验过程中感受到的压力和痛苦。

生命科学和医学的进步与实验动物的幸福福祉如同一条双轨铁路，相互促进，永远不会割席断交。实验动物从业人员不再是简单地将实验动物视作工具，他们成为它们的保护者和护理者，对待这些无私奉献的小伙伴们理性而温暖。只有这样，才能真正将实验动物福利理念传承下去，从而更深刻地推动生命科学和医学前行。

第五节
实验设备

生物医学研究有四个要素，行业内称为"AEIR"要素，即实验动物（animal）、设备（equipment）、信息（information）、试剂（reagent）。要完成一项与生物医学相关的研究，这四个要素缺一不可。实验动物中心作为一个支撑公共服务的平台和教学研究的单位，其首要前提就是要配有完善的仪器设备。

以下是对动物实验中一些常见仪器设备的介绍。

1. 小动物代谢笼

小动物代谢笼主要由笼和监测系统两部分组成，用于监测和统计分析小动物的代谢参数。其主要功能包括实时同步监测饮食量、饮水量、活动量、活动轨迹、站立次数等。设备独特的漏斗和锥形体设计，可以对实验动物的粪便和尿液进行分离收集，尿液不会受到污染，也不会进入粪便收集管。同时，通过监测动物呼吸气体中氧气和二氧化碳的变化，以及食物摄入量、活动水平等参

数，能够有效地收集动物的代谢数据，为研究能量代谢、营养摄入、行为学分析等提供重要支撑。

2. 小动物活体成像仪

小动物活体成像仪是一种非侵入性设备，能够通过多种成像技术无创观测活体动物体内的生物过程。通常成像装置由光学成像系统、放射性成像系统等组成。

例如，光学成像系统可以通过高灵敏度 CCD 或 CMOS 相机拍摄到使用荧光素酶基因标记的各类细胞、细菌、病毒等，实现对活体动物体内信号的检测，还可以进行二维和三维的生物发光和荧光成像。利用 X 射线进行高分辨率断层扫描（用于骨骼、肺部、心脏等组织的成像），能够提供关于肿瘤生长、疾病发展、基因表达等多方面的信息。此外，小动物活体成像仪也会配备麻醉系统和温控系统，用于在成像过程中对动物进行麻醉，保证其处于静止状态；维持麻醉中动物的正常体温，确保实验数据的准确性。

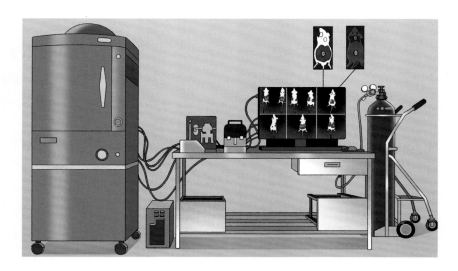

3. 小动物体成分分析仪

小动物体成分分析仪是一种用于测量活体小动物体内脂肪、肌肉和体液含量的科研设备，广泛应用于生物学、基础医学和代谢研究等领域。设备主要基于核磁共振（NMR）技术，通过检测不同组织中氢质子的弛豫时间差异来区分脂肪、肌肉和体液等成分，评估脂肪、肌肉与疾病风险之间的关系，甚至能发现临床潜伏期的病理进程并评估治疗效果。该仪器操作简便，只需轻微麻醉动物即可进行快速扫描，避免了烦琐的准备和创伤性试验，既节省了时间，又保持了动物的完整性。小动物体成分分析仪能够帮助研究人员在长期研究中反复扫描动物，获取更准确、全面的数据。

4. 水迷宫

水迷宫是一种经典的空间学习和记忆能力评估技术，它利用啮齿类动物寻找休息平台的本能行为，评估其学习和记忆能力。在实验过程中，动物需要记住周围的环境线索以及这些线索与平台的位置关系，

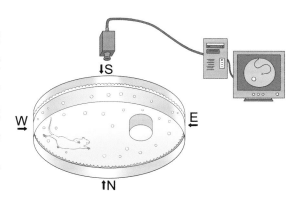

从而快速找到平台以避免溺水。水迷宫实验还可以通过布置阻挡动物视线的白色塑料小珠增加难度，促使动物依赖记忆导航找到平台。这一过程可以促进动物空间导航能力的发展。这种实验方法被广泛应用于神经生物学、药理学等领域，用于研究学习记忆、认知功能以及相关疾病的治疗实验。

5. 动物跑台

动物跑台主要用于模拟自然跑步环境，帮助科研人员研究动物的体能、耐力和运动损伤等问题。跑台的核心构造是一个持续运转的传送带，其表面材料经过特别设计，便于动物稳定地抓地

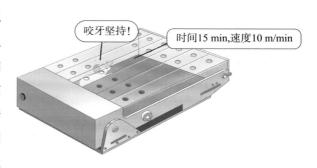

奔跑。通过传送带内置的导轨滑动装置，可以灵活调节松紧度，从而确保动物在跑台上的运动既稳定又安全。跑台系统通常配备多个独立的跑道，每个跑道之间巧妙地用隔板隔开。这样做是为了保证动物们在进行运动时互不干扰，确保实验结果的准确性。实验小鼠通常在跑台上接受训练，训练从低速开始，逐步增加运动强度，使小鼠逐渐适应。此外，动物跑台具备实时数据采集功能，能够精确记录运动距离、持续时间以及力竭状态等。这些数据可以通过专业的电脑软件进行直观的分析与处理，为科研人员提供宝贵的实验依据。

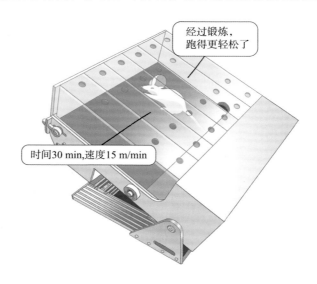

第五章
复兴之路，我们不可或缺

蓝图绘就，正当乘风破浪。

重任在肩，更需策马扬鞭。

第一节
实验动物行业历史

在历史的长河中，尽管生物医学领域面临无数挑战，但它也孕育了许多辉煌的成就。这些成就不仅在科学史上留下了深刻的印记，也推动了生命科学领域向更加美好的未来迈进。动物实验的历史可以追溯到公元前4世纪的亚里士多德时期，那么它是经过了怎样的发展才成为今天这样一个价值巨大的产业呢？

从19世纪90年代开始，俄罗斯生理学家巴甫洛夫在狗身上进行的"条件反射"实验，开创了行为科学的新纪元。1957年，苏联的莱卡犬成为第一个进入外太空的动物，展示了太空探索的可能性。1996年，多莉羊的克隆成功，不仅诞生了第一只克隆哺乳动物，也为遗传学研究带来了新的视角。

　　进入 21 世纪，科学界的发展突飞猛进。2003 年，人类基因组计划首次完成了对人类基因组的完整测序，为研究遗传疾病和开发新疗法打下了基础。2006 年，日本科学家山中伸弥发现的诱导多能干细胞（iPS 细胞），为再生医学和组织工程带来了革命性的改变。而 2012 年左右，珍妮弗·道德纳（Jennifer Doudna）和埃曼纽尔·沙尔庞捷（Emmanuelle Charpentier）开发的 CRISPR-Cas9 基因编辑技术，更是极大地提高了基因编辑的精确性，为基因治疗提供了新的可能。

　　此外，人工器官和组织工程的发展，正在解决器官捐赠的短缺问题。基因治疗已经在治疗某些遗传性疾病方面取得了实质性的进展，尤其是在一些罕见疾病的治疗上。精准医疗的发展，依托于基因组学、生物信息学等技术，正成为现代医疗的重要趋势。近几年 CAR-T 细胞疗法的出现，为癌症治疗带来了革命性的突破，其通过改造患者的 T 细胞以识别和攻击癌细胞。

　　然而，这些科学成就的背后，实验动物的付出无处不在。

　　随着公众对动物权利关注的日益增长，社会开始反思和调整动物在科学研究中的使用方式。1876 年，欧洲首次出台了防止残酷对待动物法案，标志着对动物实验进行规范的开始。美国于 1966 年通过的动物福利法案（AWA）更是成为美国历史上第一部也是唯一一部专门规范科研中动物使用的法案。尽管这些法律法规历经多次修订，动物权利保护者仍认为其标准有待提高。2013 年，哈佛医学院关闭其灵长类动物研究中心的决定，不仅反映了伦理观念的变迁，也预示着未来科学研究中动物使用的新趋势。

　　尽管面临诸多困难和挑战，实验动物行业的发展仍然不可阻挡。行业中涌现出的领军人物和他们的研究，不仅推动了科学的发展，也为我们带来了无限的希望和启示。在过去的时

间长河里，这些熠熠生辉的星光照亮了生命科学的未来之路，激励着我们不断前行。

　　下一节，我们将了解那些在实验动物行业中工作的人才，看看他们是如何对社会做出卓越贡献的。其中不仅仅有在实验室中默默工作的科学家，更有在动物福利、医药发展、教育普及等多个方面发挥着重要作用的奉献者。

第二节
杰出从业者事迹

一、顾方舟

顾方舟这个名字或许大家有些陌生，但说起"糖丸爷爷"，大家可能就熟悉了。糖丸爷爷就是顾方舟先生。为什么要称呼他为糖丸爷爷呢？这就要从一种疾病——脊髓灰质炎说起，糖丸爷爷的一生都奉献给了脊髓灰质炎的防治工作。

科普小提示

脊髓灰质炎

脊髓灰质炎，也被称为小儿麻痹症，是一种由脊髓灰质炎病毒引起的急性传染病。这种病主要影响儿童，通常在夏秋季节更为常见。脊髓灰质炎病毒通过飞沫传播或接触感染传播，因此容易在集体生活环境中传播，尤其在卫生条件较差的地区，更需注意脊髓灰质炎的传播。

脊髓灰质炎症状包括发热、咽喉发炎以及肌肉疼痛等，这些症状通常与一般的呼吸道感染相似。可不能小瞧这些症状，发炎、发热能够及时缓解还好，可一旦造成麻痹，则会给身体带来很大的伤害——脊髓灰质炎最令人担忧的是可能引发神经系统并发症。脊髓灰质炎病毒攻击中枢神经系统，会导致患者肌肉无力、麻痹，甚至可能引发呼吸肌肉麻痹，使患者呼吸困难，严重情况下可能致死。因此，小儿麻痹症产生的后果非常严重，对于儿童来说尤其如此。

幸运的是，有疫苗可以预防脊髓灰质炎，大多数国家都在儿童疫苗接种计划中提供脊髓灰质炎疫苗，以减少这种疾病的发病率。通过接种，可以有效地保护儿童免受这种危险病毒的感染，从而减少了家庭和社会的灾难。

那么，脊髓灰质炎疫苗是如何问世的呢？

在今天的中国，脊髓灰质炎已经成为过去，这一成就离不开顾方舟发明的脊髓灰质炎疫苗。这种疫苗以糖丸形式出现，帮助无数儿童免受这种疾病的摧残，这也是称呼顾方舟为"糖丸爷爷"的原因。也许你我没有亲身经历过这颗"糖丸"的甜，但在 20 多年前，它曾是无数儿童的救命稻草。

在 20 世纪 50 年代，脊髓灰质炎疫苗的研发正式拉开序幕。最初，科学家意识到脊髓灰质炎病毒存在多个亚型，为了研制出一种有效的疫苗，科学家开始对这些亚型进行详细分类和深入研究。经过艰苦努力，在 20 世纪 50 年代末至 60 年代初，科学家们终于成功地分离出了脊髓灰质炎病毒的三种主要亚型，并尝试研制相应的疫苗。

疫苗研制的关键突破发生在 20 世纪 50 年代末。科学家发现，以温和的方式培养脊髓灰质炎病毒可以获得更好的免疫原性。他们运用这一方法，在动物细胞培养基中培养病毒，并将其灭活制成了疫苗。这种疫苗通过注射就能够为人体提供免疫保护。

在验证疫苗有效性的时候，科学家将疫苗注射给猕猴，通常会使用多只猕猴来进行实验。这些猕猴会被暴露于脊髓灰质炎病毒或其成分下，以模拟人类感染的情况。然后，观察猕猴的免疫反应，包括抗体产生情况和免疫细胞的活性，确定疫苗是否能够在实际感染时触发有效的免疫反应，保护机体免受脊髓灰质炎的侵害。

除了验证有效性，猕猴实验还用来评估疫苗的安全性。科学家观察猕猴在接种后的健康状况，以确保疫苗不会引发严重的不良反应或副作用。这对于确定疫苗的剂量和接种方案至关重要，可以最大程度地降低潜在的安全风险。

随着研究的深入，科学家们逐渐认识到灭活脊髓灰质炎疫苗的效果并非人们所期望的那样理想。虽然疫苗接种后能产生免疫反应，但在免疫力逐渐衰退的情况下，其免疫保护效果存在限制。为了解决这一问题，科学家又着手研究新的疫苗策略。

20世纪70年代，科学家取得了一项重大突破——研制出一种全新的口服脊髓灰质炎疫苗。这类疫苗由经过减毒的脊髓灰质炎病毒毒株制成，可以通过口服的方式接种到人体内。这种疫苗不仅具有优秀的免疫原性和持久免疫保护效果，还能有效引导肠道免疫反应。

使猕猴感染脊髓灰质炎　　使用疫苗初步成果治疗猕猴　　证明疫苗安全有效　　"糖丸"疫苗

随着疫苗技术的不断改进，脊髓灰质炎疫苗的生产和接种工艺也得到了极大的优化。如今，脊髓灰质炎疫苗已成为全球范围内被广泛采用的疫苗之一。

在这个甜甜的糖丸在送进嘴里前，经过了多少次实验，又有多少实验动物在实验中"以身试险"检测疫苗的效果？我国最终实现全面消灭脊髓灰质炎，背后不仅是无数次实验和实验动物的牺牲，更是研究者坚持不懈的创新。他们是医学从业者当之无愧的楷模。

二、钟品仁

钟品仁的人生轨迹与中国近现代史紧密相连，他的成长背景和所处的时代背景对其职业选择和成就产生了深远的影响。生于"五四运动"之年、成长于抗日战争的岁月，这些重大的历史事件培养了钟品仁强烈的民族自尊心及对科学的深刻理解，这些因素共同塑造了他作为一名卓越科学家的个人特质。

1948年，钟品仁先生进入实验动物科学领域，开启了他在这一领域长达半个世纪的科研之旅。作为中国最早的实验动物科学家之一，他的贡献是多方面的。他不仅是学术交流和教育的积极推动者，还是中国实验动物学术领域的重要奠基人之一。

他的一项重要成就是在1982年推动成立了实验动物学会，并于1983年助力北京实验动物学会成为国家一级学会。这是一个重要的学术组织，其成立与发展也是我国实验动物科学领域的一个里程碑。实验动物学会的成立，为实验动物科学家提供了一个交流和合作的平台，促进了这一学科在国内的发展和国际交流。

在1983年，钟品仁参编出版了我国第一本实验动物专著《哺乳类实验动物》，这是中国首部实验动物专著。该书不仅为实验动物研究者和相关领域的学者提供了宝贵的知识，也为实验动物学的教育和培训奠定了坚实的基础。书中详细介绍了各种哺乳类实验动物的生物学特性、饲养管理、繁殖技术和应用研究等方面的内容，是该领域的经典参考书籍。

钟品仁还参与编译了多部重要的实验动物相关俄文著作，并在无胸腺裸鼠的饲养和繁殖研究中取得了突破，这一成就在1987年荣获国家科学技术进步三等奖。1981年，钟品仁在中国药品生物制品检定所建立了实验动物标准化实验室，这在推动实验动物领域的标准化和法制化方面起到了关键作用。

钟品仁不仅活跃于国内学术界，也积极参与国际交流和学术合作，担任了国际免疫缺陷动物委员会的组织和顾问委员。钟品仁开放的学术态度为中国实验动物科学的发展注入了新的活力。

此外，钟品仁还积极推动实验动物立法工作，致力于制定和实施相关法规。他在1997年全国政协八届五次会议上的书面发言，呼吁全国人大考虑相

1983年，钟品仁先生参编出版了我国第一本实验动物专著《哺乳类实验动物》

无胸腺裸鼠的饲养和繁殖研究取得突破，这一成就在1987年荣获国家科学技术进步三等奖。

1997年全国政协八届五次会议上的书面发言，呼吁全国人大考虑相关法律的制定，显示了钟先生对实验动物管理的深切关注。

1982年推动成立了实验动物学会

关法律的制定，显示了他对实验动物管理的深切关注。

钟品仁的职业生涯见证了中国实验动物科学领域的发展和成长，展现了一个科学家的使命感和对国家和民族的深切关怀。他不仅是一位科学家，更是一名先锋教育者。他的学术贡献，以及对国际交流、法律和标准化的推动，都在实验动物科学领域留下了不可磨灭的印记。

三、屠呦呦

"疟疾"一词想必大家都不陌生，这个我们在书本上经常看到的词，实际上代表着一种严重的健康威胁。有一种微小的寄生虫，名叫疟原虫，寄生在蚊子身上，通过蚊子叮咬再悄悄地侵入人体，引起发热、头痛等症状，严重时甚至可能威胁到生命。这种由蚊子传播的疾病，在非洲和亚洲的一些热带地区尤为常见。每年，疟疾都会造成数百万人感染，导致数十万人因此失去生命，其中儿童和孕妇尤其易受其害。

科普小提示

疟疾的传播

　　疟疾的传播主要是通过感染了疟原虫的雌性按蚊叮咬。当这种感染了疟原虫的蚊子叮咬人类时，会将疟原虫传入人体。疟原虫是一种寄生虫，它会在人体内繁殖，导致疟疾症状出现，如发热、寒战和头痛等。值得注意的是，并非所有的蚊子都能传播疟疾，只有某些特定种类的按蚊才能。预防措施包括使用蚊帐、驱蚊剂和穿着保护性衣物，以及在疟疾高发区域采取预防性抗疟药物。

抗疟药物

　　中国药学家屠呦呦的研究成果在抗击疟疾方面具有划时代的意义。1972年，屠呦呦开始研究青蒿素，这是一种从中药青蒿中提取的天然化合物。通过她的努力，青蒿素被发现对于治疗疟疾特别有效。这一发现为全球抗击疟疾提供了强有力的武器，尤其是对于那些对传统抗疟药物产生耐药性的疟疾病例。

　　提取青蒿素的过程可不简单。屠呦呦和她的团队花了好几年时间，经历了无数次的挑战和失败，终于找到了一种既能提高产量又能保持纯度的方法。这一突破意味着青蒿素可以大规模生产，成为治疗疟疾的一种有效手段。

　　1977年，青蒿素在国际上得到了广泛的认可，并迅速应用于临床。2015年，屠呦呦因为在青蒿素研究和应用上的杰出贡献，获得了诺贝尔生理学或医学奖，成为中国第一位获得这一荣誉的科学家。

　　一株小小的青蒿，因为屠呦呦的坚持和智慧，成为拯救无数生命的英雄。在这场长期的抗击疟疾的战斗中，屠呦呦和她的团队采用了一种更加科学的方法筛选中草药。他们不是简单地挑选草药，而是通过精确的实验来检测这些草药提取物对鼠疟原虫的影响，就像是通过精细的筛子，一点一点地过滤，最终找到那些真正有效的草药。

　　在这个过程中，青蒿素崭露头角，被证实具有强大的抗疟活性。但要把一种草药变成可用的药物，还有一个重要的步骤：安全性测试。这就需要进行动物实验确认。屠呦呦和她的团队选择了狗作为实验对象，因为狗的生理结构和人类相似，可以更准确地预测药物在人体内的效果和副作用。

青蒿素   患疟疾的比格犬   疟原虫的抑制率达到了100%

通过严谨的测试，青蒿素最终被证明是安全且有效的。这不仅是一个科学上的巨大成就，也是一个伟大的人道主义贡献。因为这些实验的尝试，无数患有疟疾的病人得到了救治，他们的生活得到了改善。

这就是科学的力量，它可以从一株普通的草药中提炼出改变世界的药物。屠呦呦的故事，不仅是对知识和毅力的赞颂，更是对生命的尊重和救赎。

四、钟南山

钟南山是呼吸疾病研究领域的领军人物。在"非典"时期，钟南山毫不犹豫地投身到抗击非典的战斗中。他将个人安危置之度外，义无反顾地冲向疫情的前线，用自己的实际行动展现了何为无所畏惧。在这场没有硝烟的战斗中，钟南山为大家构筑起了一道守护的长城，为国家和人民的安全默默奋斗着。

由于在公共卫生和传染病控制方面具有深厚专业知识，钟南山备受瞩目，他在实验动物研究、疫苗研发等方面也贡献颇多。

作为一位呼吸病学专家，钟南山利用实验动物进行了大量呼吸系统疾病研究，包括肺癌、哮喘、慢性阻塞性肺疾病等。

肺癌是全球致死率最高的癌症之一。钟南山通过使用实验动物，特别是小鼠模型，研究肺癌的发展机制。这些动物模型帮助研究者模拟人类肺癌的发病

过程，包括肿瘤的初始形成、增长和转移。建立小鼠肺癌模型可以通过多种方式实现，如化学诱导、基因工程或植入人类肺癌细胞。例如，通过向小鼠注射或让小鼠吸入致癌物质（病毒受体 ACE2），诱发其感染病毒，当病毒在小鼠肺部大量扩散并展现出临床症状，就成功地构建出了动物模型。

将病毒受体ACE2
通过鼻内转导的
方式送入小鼠体内

5天

具有ACE2受体的
小鼠可感染病毒

病毒在小鼠肺脏
大量复制展现出
疾病的临床症状

成功构建
非转基因小鼠模型

一旦建立了小鼠肺癌模型，通过给予小鼠特定的药物，可使用各种成像技术（如 X 射线扫描、CT 或 MRI）来观察肿瘤的发展，监测药物对肿瘤生长和扩散的影响。这些技术可以帮助科学家跟踪研究肿瘤的大小、形状和是否有转移，评估治疗的有效性。

肺癌的发展不仅与肿瘤细胞有关，还与周围的微环境密切相关。通过对小鼠模型进行研究，科学家还可以探索免疫细胞、血管、细胞外基质等在肿瘤发展中的角色。

在抗击 SARS、禽流感、H1N1 流感等多种传染病的过程中，钟南山通过对实验动物的研究深入探究了病毒的传播机制。他利用动物模型揭示了病毒的传播途径和感染机制，为疾病的防控和治疗策略的制定提供了重要的科学依据。

钟南山的研究成果不仅在呼吸病学领域产生了深远影响，也在全球公共卫生和疾病预防领域起到了重要作用。目前，钟南山已成为全球抗击传染病的代表人物之一，为未来的疾病防控提供了宝贵的经验和知识。

五、秦川

疫情暴发，我们看见的是抗疫一线的医护人员。但是在那些看不见的地方，实验动物也在默默奉献。

想要遏制疫情蔓延就需要研制疫苗，而在疫苗的研究中，科学家们都做了什么？他们如何将疫苗的使用反映到临床实践当中？我们接种的疫苗经过了怎样的检验呢？此时大家需要知道一个名词，那就是"动物模型"。

科普小提示

动物模型

动物模型是一种科研手段，是将动物作为实验工具和研究对象，模拟人类疾病、开发新药物，以及探究生物学和生理学等领域的研究方法。这些动物模型包括小鼠、大鼠、猪、狗、猴等多种不同种类的动物。通过对它们进行基因改造、药物处理或者疾病感染等实验操作，科研人员可以观察和分析其生理、病理以及行为等方面的变化，从而推测在人体中相似情况下的生物学机制。

回顾 20 世纪 90 年代，我国的实验动物资源非常有限，这给科学研究带来了极大的困难。秦川领导的研究团队敏锐地认识到了实验动物资源的重要性，通过国内外的合作与引进等途径，逐步扩大了我国实验动物资源的规模和种类。他们建立了涵盖小鼠、大鼠、猪、狗等多种物种的动物模型库，为科研提供了重要的实验工具和平台。

如今我们拥有着国际最大的传染病动物模型资源库，这让我国科学家能够在疫情发生的第一时间展示"中国速度"。

同时，秦川和她的团队也认识到了比较医学的重要性，积极推动了比较医学学科的发展。比较医学是一门研究不同物种之间疾病和生物学特征的学科，对于人类健康和医学发展具有极为重要的意义。秦川的努力为我国的比较医学研究奠定了基础，促进了跨物种医学研究的蓬勃发展。

秦川积极参与了实验动物行业相关规范和标准的制定和推动，以确保实验动物在实验过程中得到善待和充分的保护。她不遗余力地参与制定了多项实验动物保护法规和伦理准则，并鼓励实验室采用更为人道的动物实验方法。作为动物福利的坚定倡导者，她持续关注实验动物的福利状况，努力改善它们的生活条件，也着力提高研究人员和实验室工作人员的动物福利意识和实验技能。在规范制定、实验方法改进、动物福利倡导以及教育工作等方面，秦川为实验动物行业的发展和动物保护做出了极为显著的贡献。

以上是一些从业者的故事，在实验动物这个行业中，有无数同他们一样奉献、钻研着的人，他们像一颗颗星星，汇聚成一片美丽的星河。或许，未来你也会成为这星河中的一颗闪亮明星。

实验动物在医学研究中扮演着不可或缺的角色，它们是疫苗、药物开发和病理研究的基石。如果没有坚实的地基，再壮观的高楼大厦也难以稳立于世，实验动物为生命科学的发展提供了坚实的基础。

科学家们以身试药的精神，也更值得我们后辈学习。没有他们的奉献与付出，世界抗疟的进程、中国被认证为无疟疾国家的进程、脊髓灰质炎的消失、疫情的控制可能都会受到影响，向中国科研工作者的奉献精神致敬！

无数的人生就像是万里山河，有无数来往的过客，而一些人编织出了万里山河的锦绣，他们应该被铭记。

在这个变幻莫测的时代，新技术、新模式在悄无声息地推动着一切。曾经，人们心中的最大期望是能够满足基本的生存需求，保证自己能够吃饱穿暖。随着经济的不断发展与进步，社会的期望和追求也随之升级，人们不再仅仅追求基本需求的满足，开始追求饮食和着装的质量，力求提高生活品质。这已成为现代社会的一股主流趋势。

然而，高昂的药物价格却成为人们在疾病治疗面前的一道难以逾越的障碍，很多人在患病后无法负担治疗所需的费用，甚至一些罕见病缺乏治疗药物。很多科学家在积极探索新的治疗机制，寻找降低药物成本的方法，这时实验动物的作用显得尤为重要。

"不可或缺"一词在本书中出现过多次，可是实验动物的贡献又如何能用短短四个字概括。对于那些致力于医学研究和药物开发的人士来说，深入理解并诠释实验动物在这一领域中的价值，是一项共同的责任和使命。

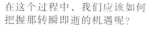

在这个过程中，我们应该如何把握那转瞬即逝的机遇呢？

怎样能够迅速掌握它们的运行原理，寻找到突破瓶颈的关键点，以寻找新的机遇呢？

具备明确的目标和正确的价值观是至关重要的。只有定下明确的目标，明确自己希望达成的效果，才能更好地抓住机遇。同时，正确的价值观也会指引我们在面对机遇时做出正确的选择，确保我们能够在这个充满挑战的领域中持续发展。

榜样力量

积极创新

ideas

创造力

第三节
行业未来发展

  在中国，实验动物行业就像是一片刚刚开始耕耘的沃土，充满着机遇。2017—2023 年，中国实验动物市场规模有了显著的增长。这不仅仅体现在经济价值上，更重要的是，实验动物在众多医学突破中发挥了关键作用。在这样的背景下，小鼠、猪和鸡等实验动物不断在科学研究中扮演着"英雄"的角色。以小鼠为例，它们由于生物学特性与人类相似，在疾病模型的构建上非常重要。研究人员利用小鼠模型，对一些最为复杂的疾病进行了深入的研究，例如癌症、阿尔茨海默病和多种遗传病。实际上，从疾病的机理研究到新药的安全性评估，小鼠在药物开发的每个阶段中都扮演着重要的角色。

  实验动物的使用也引发了公众对伦理关注。现在，越来越多的人开始质疑：我们是否可以找到更人道的研究方法？这样的问号，也推动了无动物实验技术的发展。比如，组织工程已经可以用来构建"器官芯片"，模拟人体器官的功能，进行药物测试和疾病研究，而不需要使用活体动物。我们有理由相信，随着这些替代技术的不断成熟和推广，实验动物的使用将会更加合理。

  国际上的合作也在日益增强，全球研究人员正共同努力，寻找更多替代动物实验的可能性，为实验动物行业的可持续发展注入新的活力；世界各地的研究者相互交流，共同提高实验动物的福利标准，推动法规的统一。这样的合作不仅能促进科学研究发展，也能帮助我们更好地保护动物，让实验动物行业走得更远、更稳。

  科学家们为人类的健康福祉做出了巨大的贡献。他们全身心地投入科研工作之中，不仅推动了科学的进步，也为我们树立了榜样。在生活中，我们应该学习科学家的奉献精神，努力追求知识，为社会做出自己的贡献。同时，我们应该感谢和铭记这些科学家，将他们的精神传承下去，激励后人进一步探索和发展，共同为人类的健康福祉做出更大的贡献。

动物实验可以更优化！

VS

器官芯片

展望未来

无论是在学校、研究机构还是实验室，我们都可以发挥自己的才能和创造力，为解决重大的科学问题做出贡献。同时，我们也可以通过科普活动等科学传播途径，将科学知识分享给更多的人，提高公众对学科的理解和认识。

就实验动物行业而言，从业人员成长周期比较长，转行沉没成本较大，选择实验动物行业作为职业道路时，脚踏实地的态度和明确的规划至关重要。千里之行，始于足下。每一个伟大的旅程，都从踏出的第一步开始。

保持对学习的热情和决心是基础。这个领域要求不断地更新专业知识和提升技能，因此耐心和恒心至关重要。要主动探索和学习新的技术和方法，适应行业的持续发展和变化。

制定一个清晰的职业规划非常重要，要了解实验动物行业的前景，根据个人兴趣和优势设定职业目标，并制订实现这些目标的具体步骤。可能的路径包括选择相关的大学专业、深造学习、积累实践经验和参与学术研究等。

此外，与行业内的资深人士交流也非常有益。三人行，必有我师。他们的经验和建议可以帮助你更深入地了解行业，认识到其中的挑战和机遇，为自身的职业发展提供宝贵的指导。

最后，面对迷茫和挑战时，锲而不舍的精神至关重要。追求梦想和职业目标是一个漫长的过程，会遇到各种困难和挑战，但坚定信念并持续努力，最终将会找到属于自己的理想职业道路！

在探索未知的科学海洋中，实验动物和人类科研工作者共同航行，带着对生命的深刻敬意和对科学的无限憧憬，迎向一个更加明亮的未来。

终章

长风破浪会有时　直挂云帆济沧海

路漫漫其修远兮，吾将上下而求索。

在充满机遇与挑战的道路上，我们需要保持一颗求索的心。这条路可能会漫长而艰难，但我们必须努力向前奋进，不断追寻答案。

在追逐机遇的过程中，我们需要持续修炼自我，不断提升自己的能力和知识储备。只有通过持续的学习和实践，我们才能够更好地把握机遇，应对各种挑战。

给大家讲一个小故事。

在一个充满挑战的世界里，有一个女孩名叫小考，她的故事可能听起来有些老套，但充满了鼓舞人心的力量。

小考从小就对知识怀抱着无尽的热爱。她对自己选择的研究方向充满激情，即使这个领域并不受欢迎，甚至常常遭到质疑和冷漠的对待，但她自己从未动摇过。然而，虽然小考付出了巨大的努力，但所得回报远远不能支撑她的研究梦想。

30 岁那年，小考因为研究经费的问题而失去了工作。面对这样的境地，她不得不卖掉家中唯一的汽车，带着家人踏上了前往异国寻求新机遇的旅程。但不幸接踵而至，她的职业之路遭遇重重阻碍。为了维系研究，小考不得不兼职其他工作，每天像一个陀螺一样忙碌着。

在那些艰难岁月里，小考遭受了无数次的打击，也常常被孤独包围。有

时，她甚至质疑自己的能力，思考是否应该改变职业。但在心底深处，她始终相信，她的研究终将得到世人的认可。正是这份坚定不移的信念，支撑着她在最艰难的时刻坚守自己的理想。

　　时光荏苒，四十年后，小考终于迎来了曙光。她的研究不仅获得了认可和证实，还被广泛应用于社会。坚持和不懈努力，为她赢得了学术界的声誉和尊重。她的经历告诉我们，只要坚持不懈，坚守理想，总有一天会迎来成功的曙光。

　　她就是第 13 位获得诺贝尔生理学或医学奖的女性科学家卡塔林·考里科（Katalin Karikó）。四十年走来，考里科研究的 mRNA 技术最终见证了 mRNA 疫苗的研发。最初，关于 mRNA 技术的研究在学术界就是一片荒漠，而考里科就像荒漠里开出的玫瑰，她做到了厚积薄发！

　　这就是我们前面所讲的，在面临职业的选择，实验动物行业也是需要厚积薄发的。换个角度想，哪个职业不是如此呢？

　　我们需要时刻保持谦卑和冷静。时代是瞬息万变的，我们必须保持警觉，紧紧抓住每一个转瞬即逝的机会。在追逐机遇的过程中，我们要坚守明确的目标和正确的价值观，不忘初心、脚踏实地、勇往直前。

　　感谢每一位实验动物从业者，是他们默默无闻背后为科学研究和医学进步做出了巨大贡献。他们的辛勤工作和无私奉献，使得我们能够深入了解生命的奥秘，开发出更有效的药物，拯救更多的生命。

　　谨以此书献给每一位实验动物行业的从业者，送给在人类历史上为科学研究、药物研发奉献的实验动物！

亲爱的实验动物行业从业者：

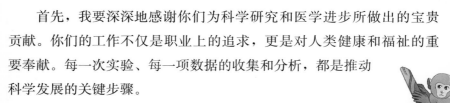

展信佳！

首先，我要深深地感谢你们为科学研究和医学进步所做出的宝贵贡献。你们的工作不仅是职业上的追求，更是对人类健康和福祉的重要奉献。每一次实验、每一项数据的收集和分析，都是推动科学发展的关键步骤。

在科学的旅途中，你们可能会遇到挑战和困难。但请记住，你们的每一分努力都是有意义的。你们的工作不仅是对个人职业的实践，更是对全人类福祉的贡献。每一个实验步骤，每一次细致的数据分析，都为科学研究铺平了道路，提供了宝贵的信息。

在处理实验动物时，动物福利的重要性应时刻被铭记于心。我们应确保它们的生活环境舒适，提供必要的饮食和水源，并定期监测它们的健康状况。同时，应尽可能采用温和、无痛苦的实验方法，保障这些动物的权益和福利。

面对外界的质疑和批评，我鼓励你们坚持信念，相信科学的力量和你们对科学的贡献。持续学习、更新知识，与同行交流经验，保持对科学的热爱和探索精神。

最后，我想提醒大家，你们的工作不仅关乎个人发展，更是对整个人类社会福祉和进步的贡献。你们是科学研究的中坚力量，你们的努力将对改善人类生活、解决社会问题产生深远影响。感谢你们无私的奉献和不懈的努力！

祝愿你们在实验动物行业取得更多的成就和突破！

最诚挚的祝福，
某某

后记

2023 年，我主持的个人生涯第一本科普书籍《趣识实验动物》出版，受众定位幼儿至小学生，为实验动物科学的普及做了微薄的贡献。为尽量涵盖各年龄层受众，面向 4—9 年级学生的第二本科普书籍《实验动物伴我行》就此面世。

《实验动物伴我行》这本书从提出想法到最终付梓历时近 2 年时间。该书是我们在完成本职工作之余，利用碎片化时间构筑而成，花费了极大的精力。《实验动物伴我行》这本书的出版，要特别感谢朱峰、郑开明、李汉中老师编著的《诗画实验动物》这本科普书的启发。作为我国首本实验动物科普读物，其采用"诗""画"相结合的方式，向读者娓娓道出实验动物工作重要性。个人感觉，《诗画实验动物》更加适合高中生以上的群体，可与本书相互补充。

本书的出版得到了多方支持。感谢参与该书的所有人，大家各司其职；感谢我们北京大学深圳研究生院实验动物中心团队的几位同事，特别是曾如凤、廖文峰、郑楚雅、冯露平倾注的付出；同事谭志刚、陈红霞、刘锦信也对该书提出了建设性的意见。

生命科学近年受到极大的关注，也开始出现了科普宣传工作。然而实验动物作为生命科学的基石，在航天航空、食品安全、医药健康等各领域都发挥了不可或缺的重要作用，大多数人对它还是缺乏应有的重视和理解。需要改变这种现象。也正是如此，我带领我们团队开始了实验动物科学的科普工作。在短短的 2 年时间，我们做了一系列的工作：实验动物科普进校园、项目申报、短视频开发、书籍编写、科普基地建设等，受众人数达 10 万以上。在条件允许的情况下，未来我们将持续进行这方面的工作，有更多面向不同受众的科普书籍即将出版，敬请关注。

我于 2022 年初从科研岗位转入实验动物行业，至今仅 2 年左右，对实验动物行业抱有一腔热血。出版此书的初心是为了普及实验动物相关的科学知识。正如所有的书籍一样，本书不可避免地会存在些许错误。因此，我希望读者们可以带着思考与批判来阅读此书，并提出反馈意见。希望此书可以受到各位读者的喜爱。

卓振建

2024 年 10 月于南国燕园